城市市政雨污水输送与排放综合技术

主编：袁述时　余凯华　顾士杰

北京工业大学出版社

图书在版编目(CIP)数据

城市市政雨污水输送与排放综合技术 / 袁述时，余凯华，顾士杰主编. —北京：北京工业大学出版社，2018.12（2021.5 重印）

ISBN 978-7-5639-6561-8

Ⅰ.①城 Ⅱ.①袁 ②余 ③顾 Ⅲ.①城市污水处理 – 研究 Ⅳ.① X52

中国版本图书馆 CIP 数据核字（2019）第 022559 号

城市市政雨污水输送与排放综合技术

主　　编：	袁述时　余凯华　顾士杰
责任编辑：	张　娇
封面设计：	腾博传媒
出版发行：	北京工业大学出版社
	（北京市朝阳区平乐园 100 号　邮编：100124）
	010-67391722（传真）　bgdcbs@sina.com
经销单位：	全国各地新华书店
承印单位：	三河市明华印务有限公司
开　　本：	787 毫米 ×1092 毫米　1/16
印　　张：	10.5
字　　数：	200 千字
版　　次：	2018 年 12 月第 1 版
印　　次：	2021 年 5 月第 2 次印刷
标准书号：	ISBN 978-7-5639-6561-8
定　　价：	56.00 元

版权所有　翻印必究

（如发现印装质量问题，请寄本社发行部调换 010-67391106）

前　言

随着城市化进程的不断推进，城市数量越来越多，城市经济的繁荣、就业机会多、生活水平高都吸引着人们大量迁移至城市，很多一线城市的规模随之越来越大，城市的建设则显得尤为重要。其中，排水系统工程就是重要的一方面，而城市雨污水输送泵站又是排水系统中的重要组成部分，在城市运行中起到了至关重要的作用，和人们的日常生活息息相关。近几年来，在温室效应大环境下特强暴雨天气增多，加之大多数城市的排水系统建设标准低等因素，多个城市发生过严重的洪涝灾害，造成了人员伤亡及严重的经济损失。这样，越来越多同类事件的出现让人们意识到城市排水系统的重要性，特别是对于雨污水输送泵站的可靠程度尤显重要。

泵站主要由水泵、电动机、供配电设备等设施，进/出水管路、集水池、泵房间、配电间、值班室等构筑物组成，关键设备有水泵与电力拖动设施。雨水排水泵站是用于排除洪涝积水和降低地下水位的泵站，在城市防洪排涝中的地位异常重要，是保证城市在汛期降雨时道路畅通，保证市民以及各行各业正常生活与生产的重要城市基础设施；污水输送泵站（中途泵站）处于排水处理系统管网前端（中间），是用以收集（提升）与输送污水的泵站，为污水提供能量使之继续前进流至污水厂。正是这些泵站夜以继日地工作，才为城市雨季安全度汛与污水的顺利排放提供了可靠的保障。

从环保角度讲，排水系统有保护和改善环境、消除污水危害的作用。而保护环境、消除污染，是进行经济建设必不可少的条件，是保障人们健康和造福子孙后代的大事，具有深远的意义。

从经济角度讲，首先，水是非常宝贵的自然资源，它在国民经济的各部门中都是不可缺少的。其次，污水的妥善处理，以及雨雪水的及时排除，是保证工农业正常运行的必要条件之一。同时，污水本身也有很大的经济价值，废水的妥善处理，对工业生产新工艺的发展也有重要影响，如工业废水中有价值原料的回收，不仅消除了污染，而且为国家创造了财富，降低了产品成本。

城市排水系统是城市基础设施建设的重要组成部分，通常由排水管网与污水处理厂组成。一般排水系统由直排式或截流式及分流制与合流制之分。分流制设置了污水和雨水两个独立的排水管道系统，分别收集和输送污水和雨水。工厂排放的比较洁净的废水（如冷却水）可收集送入雨水管道系统。而合流制只有一个排水管道系统，污水和雨水合流，需设置污水截流管。平时，污水通过截流管送入污水处理厂；雨天，超过截流管输送能力的雨水和污水混合通过溢流井溢入水体。从环境保护、防止水体污染方面考虑，分流制比合流制具有优势，但分流制建设费用高，较难一步到位，现今上海排水系统已逐步发展成为截流式合流制和雨污分流制组合系统。

上海市城市排水有限公司是一家具有公益性的国有独资有限责任公司，公司根据《上海市排水管理条例》《上海市合流污水治理设施管理办法》和《上海市排水设施使用费征收管理办法》所赋予的专营权，承担着城市排水设施的建设，浦西中心城区的防汛排水，以及城市污水输送和处理的运营管理等职能，是上海中心城区防汛排涝和污水处理输送的主要力量。该公司负责运行管理的排水泵站有 315 座，其中防汛泵站 176 座，设计秒排水能力 1 990 t，装机功率 2.1×10^5 kW；负责的大型污水输送干线 4 条，日设计输送能力 6.1×10^6 t。公司投资逾百亿元先后建设的上海市合流污水一期，污水治理二期、三期和西干线工程，形成了上海中心城区的污水治理系统，白龙港、竹园、石洞口三大片区的总体格局，构成了污水收集输送系统的主要框架。

本书对上海市城市排水系统的雨水排放与污水输送中的基础理论知识、工艺介绍、关键性主体设施及其管养修中的关键技术等进行了阐述，特别是引入了对新技术、新工艺的应用案例介绍，如调蓄池技术、黑臭河道治理专项技术，将工程和非工程（设备）措施相结合，加强污染源头的治理与控制，解决"两水平衡"问题，调和"环境"与"安全"矛盾，并且效果显著，做到了节能减排，降本增效。

本书共 4 章约 20 万字，其中第二章约 7 万字，由上海市城市排水有限公司机修安装分公司袁述时编写；第三章至第四章约 7 万字，由上海市城市排水有限公司余凯华编写；第一章约 6 万字，由上海市城市排水有限公司机修安装分公司顾士杰编写。由于编者水平有限，书中难免有疏漏之处，恳请广大读者批评指正，编者将欣然采纳，并竭力挽补。

编　者
2018 年 6 月

目 录

第一章 基础理论、工艺介绍及其关键性主体设施设备 ... 1

第一节 合流污水一期工程总管优化运行方案试验研究 ... 1
第二节 上海市中心城区初期雨水污染治理策略与案例分析 ... 25
第三节 生态型雨水排水系统在上海的应用及发展 ... 31
第四节 上海市苏州河沿岸排水系统雨洪控制研究 ... 36
第五节 上海中心城区市政排水系统雨水排水的管理与实践 ... 40
第六节 臭气处理技术在市政雨污水泵站内的应用 ... 46

第二章 管养修中的关键技术 ... 49

第一节 水泵叶轮修补防护应用与维修策略研究 ... 49
第二节 振动监测技术应用于排水泵维修策略研究 ... 65
第三节 潜水泵互换性研究：水泵座圈 ... 90
第四节 自泄压式盖板 ... 95
第五节 不锈钢浮箱拍门的标准化研究 ... 97
第六节 潜水泵拆装专用吊具 ... 98
第七节 格栅定位系统 ... 101
第八节 图像处理技术在移动式格栅除污机智能控制中的模拟应用研究 ... 102

第三章 新型技术的应用实例 ... 105

第一节 调蓄池技术 ... 105
第二节 黑臭河道治理专项技术 ... 130

第四章 配套管理技术及标准化 ... 141

第一节 关于高压绝缘地毯安全用具电试合格证加装课题研究 ... 141
第二节 机电安装工程施工技术与质量管理探析 ... 145
第三节 建筑机电安装施工安全管理及质量管理分析 ... 148
第四节 企业信息化建设初探 ... 150

参考文献 ... 154

第一章　基础理论、工艺介绍及其关键性主体设施设备

第一节　合流污水一期工程总管优化运行方案试验研究

一、研究背景

（一）国外雨污水管网模型应用现状

随着计算机模型技术的快速发展，国内外在排水管网设计优化验证、运行管理优化等方面已越来越多地采用计算机模型技术手段，从而大大提升了排水管网的科学管理水平。

1. 墨尔本模型应用现状

墨尔本位于雅拉河（Yarra River）河畔，是维多利亚州的首府，也是澳大利亚第二大城市。2003年墨尔本水务系统输送及处理了大约3.33×10^8t污水量，包括工业废水。墨尔本水务部门使用InfoWorks CS（城市雨污水排水系统模型软件）来管理雨污水管网这个复杂的网络系统。通过对模型模拟结果的定性和定量分析，解决了以下问题：

①评估废水输送系统中水力状况存在问题的程度与范围；
②提供并采取方案以解决水力方面存在的问题；
③决定基础设施投资建设的时机；
④采取更多措施以提高运行效率，如充分利用现行系统降低在加压及污水处理方面的能量消耗；
⑤提高污水传输系统中流量的监控，以减少溢流及满足环境要求规范；
⑥研究污水分流策略，以保证基础资产设施的维持及突发性事故的应对。

2. 日本东京模型应用现状

为解决东京城市污水排放系统的各种问题，政府部门委托东京联合工程咨询有限公司对此进行了专门研究。该公司对污水排放网络系统建立了完整详细的模型，模型节点达到 92 000 个，是 InfoWorks CS 迄今为止建立的最大的模型。同时，该公司利用模型，研究最佳方案，以减少合流系统和河渠系统的溢流。

3. 科威特模型应用现状

科威特市在海湾地区历史发展悠久，因此其雨水排放基础设施建设相当完备、覆盖区域范围大。为了对排水系统进行总体考察及评估，同时又为1990年末发生的严重的雨水泛滥灾害事件所推动，科威特公用建设部委托英国海德（Hyder）咨询公司联合当地某工程局为国家雨水排放网络系统提出 15 年总体发展规划。

这一工程规模显著，在两年内分 3 个阶段完成，完工于 2002 年中期。首先，完成了深入的数据收集与测量工作，并在此数据的基础上建立了 InfoWorks CS 水力模型。同时针对此项目，在新的雨水径流模型中专门加入了沙漠地区沿干涸河道水量径流对城市发展造成的影响因素。其次，在模型计算的数据结果基础上，为用户提出了逐年投资及项目建设的一系列规划方案。

（二）国内雨污水管网模型应用情况

1. 香港模型应用现状

为了评估香港污水系统，香港环境保护总局利用 InfoWorks CS 排水管网模型软件进行了一系列污水系统总体规划研究。污水网络模拟为管网更新、扩容，提高服务标准、提高环境质量提供了决策依据。

20 世纪 80 年代末期，香港开始采用系统化的模型技术对污水处理系统进行模拟评估，当初的主要目标是完成污水系统整体规划项目。

为评估香港污水系统性能，污水量需要分别考虑居民用水（以人口数据为基础）和雨水。香港排水体制为分流制，但雨污混接问题同样存在。在某些排水区，这些雨水的入流及渗流甚至导致污水系统排水能力或调度运行方面产生严重问题，特别是对于老管网。InfoWorks CS 模型作为规划工具应用于香港 700 多万人口各集水区的污水系统整体规划，历时约 8 年之久。模型被用于香港污水系统的改造、扩展、更新设计和优化。在 1991—1998 年期间，这些利用模型规划的工程已逐一实施，使当时香港的污水规划在服务标准的提高和投资效益方面受益匪浅。

20 世纪 90 年代，污水处理模拟系统和地理信息系统取得了重大发展，在香港污水系统总体规划回顾项目中，咨询公司再次利用 InfoWorks CS 模型以更完整的方式对污水系统进行了评定。模型上的投资效益体现在基础设施的规划、设计和投资方案优化等方面，同时对提高网络性能、服务标准以及降低污染的预测能力也大大提高。

经过多年的治理，香港污水系统总体规划项目使香港确立成为亚洲污水系统规划和评估方面顶尖城市之一。这一地位的确立与香港环境保护局将世界领先的污水系统分析模拟技术引入香港的做法是分不开的。

2. 上海市西干线改造项目数学模型研究

为配合世界银行 APL 二期西干线改造项目的进行，上海市水务规划设计研究院引进国外先进的规划设计理念和技术，利用 InfoWorks CS 排水模型软件对西干线改造所涉及的西干线排水系统、合流一期排水系统在不同时期的规划方案、设计水量条件下进行模拟，通过对模拟结果的分析，对设计成果起到验证检查的作用。同时针对不足提出优化方案，模拟优化方案的可行性。

该模拟项目模拟了西干线现状，规划西干线近远期分别在旱雨季有代表性的运行工况，合流一期规划水量下旱雨季运行工况，以及石洞口片区转输部分水量至合流一期时雨季条件下的联动模型的模拟。通过模型模拟，对市政工程设计研究总院提出的改造方案和水量分布的可行性进行了验证。

3. 上海世博会雨水排水数学模型研究

在 2010 年上海世博会排水专业规划中，上海市水务规划设计研究院吸收先进的规划理念，即通过适当放大雨水总管下游管径和泵站，以达到增强系统遭遇超标准暴雨时的抗风险能力。因首次应用，上海市水务规划设计研究院利用数学模型对其进行建模，通过仿真分析验证了该理念在世博会地区应用的可行性和效果，并对规划方案起到一定的优化作用。

二、立题依据和目的

（一）立题依据

2009 年上海市城市排水有限公司已委托上海市水务规划设计研究院对合流一期工程总管旱天和雨天的运行工况进行了评估，论证了旱天单双管间歇运行结合低水位方案、雨天优化方案的可行性，预测了节能减排的效果。

竹园第一污水输送分公司作为一线运营单位，为确保前阶段研究成果的转化效果，需要进一步细化方案，对主要研究结论做运行试验，并根据试验效果进行相应调整，最后形成一份更具体的实施方案。

（二）课题目的

验证旱天单箱涵冲洗运行模式对减少彭越浦下游箱涵泥沙沉积的实际效果；论证旱天单双箱涵交替运行方案的可行性，进一步明确运行参数，如单箱涵运行时机和持续时间等；制定单箱涵冲洗运行模式的常态运行操作方案。

根据模型试验研究的建议，调整出口泵站运行工况，论证出口泵站优化运行水位方案，杜绝预处理厂后池高液位溢流，并据此修订原方案，从而得到实际运行效果较好的可实施方案。

根据模型试验研究的建议，调整出口泵站运行工况，减少出口泵站高位井溢流的频次，以期获得控制方案。

结合出口泵站实际工况，调整出口泵站运行水位，考察泵站在采用模型推荐水位后，水泵开、停频次减少情况，并考察运行成本和能耗变化情况。

三、研究内容和技术关键

（一）研究内容（包括主要的技术、经济指标）

在模型试验研究的基础上，通过调整彭越浦泵站箱涵闸门运行工况，研究旱天单箱涵冲洗运行模式对减少彭越浦下游箱涵泥沙沉积的实际效果，论证旱天单双箱涵交替运行方案在具体实施中的技术要点，在试验基础上进一步明确一些具体技术参数，如单箱涵运行时机和持续时间等，制定以后日常采用该方案时的操作方案。

验证旱天单箱涵冲洗运行模式对减少彭越浦下游箱涵泥沙沉积的实际效果；论证旱天单双箱涵交替运行方案的可行性，进一步明确运行参数，如单箱涵运行时机和持续时间等，制定单箱涵冲洗运行模式的常态运行操作方案。

根据出口泵站实际工况，论证出口泵站优化运行水位方案，控制并杜绝预处理厂后池高液位溢流，充分考虑方案在实际运行过程中的可操作性，并据此修订方案，得到实际运行效果良好的可实施方案。

针对出口泵站开、停泵频繁的特点，采纳模型研究建议，定量分析出口泵站在优化运行水位下的开、停泵频次实际可减少的数据，调整该泵站运行水位，考察出口泵站优化运行水位方案对输送用电单耗的影响，并分析运行成本和输送用电单耗变化情况。

根据模型试验研究的建议，调整出口泵站运行工况，减少并控制出口泵站高位井溢流的频次。

（二）技术关键（包括拟采取的技术路线和研究方法）

旱天单双箱涵交替运行减少箱涵沉积技术，确定冲洗运行模式的关键技术参数。

采用模型推荐方案时，出口泵站和预处理厂后池高液位溢流定量效果分析，以及方案的可操作性。

采用模型推荐方案后，出口泵站开、停泵频次变化定量分析。

采用模型推荐方案后的运行成本与输送用电单耗变化分析。

四、冲刷试验结果及其讨论

冲刷试验是本研究方案中最重要的部分之一，其试验结果可以为减少箱涵沉积物以及旱天单双箱涵交替运行模式提供数据支持，同时也为模型方案的建立和实施提供依据。因此，本部分重点是冲刷试验的结果分析与讨论。

(一) 冲刷试验区域简介

本次冲刷试验经过的泵站位于彭越浦与下游#2井之间，污水从彭越浦泵站流经18个泵站后到达#3井，再经过过江管到达#2井。18个泵站包括彭越浦、民晏等泵站，其中民晏和和田、武川和武川污、国和和五角场、中原和营口、新江湾城#1和#2均为两个泵站汇水于同一点，如图1-1所示。

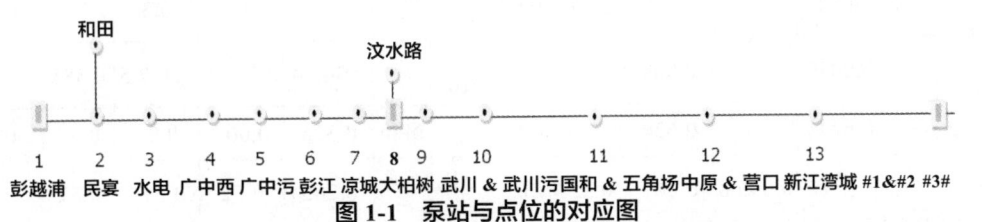

图 1-1 泵站与点位的对应图

(二) 箱涵内平均流速、流量及平均停留时间的计算

根据每个泵站在2011年5月25日下午15:00到27日下午15:00的48 h的运行曲线，统计出每个泵站在每个小时内的流量变化情况，计算得出第一天和第二天各自的24 h平均流量及48 h每个泵站的平均流量、最大流量和最小流量，如表1-1所示。#3井是上游18个泵站的汇水点。从表1-1可以看出，18个泵站第一天的平均流量大部分比第二天的高，大柏树、国和泵站的第一天平均流量是第二天对应值的2倍以上，广中西、武川、五角场的第二天平均流量大于第一天，分别是第一天均值的2.2、1.5和2.0倍，但这些泵站的流量值比较小，均不超过0.6 m³/s。汇流了18个泵站的#3井的第一天平均流量、第二天平均流量分别为13.74 m³/s和11.08 m³/s，相差20%，其48 h平均流量为12.43 m³/s。

彭越浦到#3井之间的距离为14 125.2 m，期间共有13段管道，假设13个管道之间距离相等，则每两个泵站之间的距离为1 087 m。试验期间，彭越浦到#3井之间的平行箱涵管只使用一条。运行根据每两个泵站之间的平均流量，除以单箱涵的截面面积14.875 m²，计算得到48 h的平均流速，进一步计算污水流经两泵站之间管道所需要的时间，如表1-2所示。计算可知污水从彭越浦泵站到#3井需要的时间为346.7 min，即5.8 h。污水经#3井穿过黄浦江到达#2井，所经过的距离为1 052 m，48 h平均流量为12.43 m³/s，过江管的管径为4 m，平均流速为0.99 m/s，计算得知从#3井流向#2井的时间为17.7 min。

由表1-2可知，从彭越浦泵站到#3井之间流经13个泵站，假设每个泵站流出的污水水质情况相似，并且13个泵站平均分布在8个结点上（其中5个泵站与其他泵站流入同一个结点）。彭越浦2011年11月25日15:00到27日09:00每小时的污水的COD、氨氮、SS、磷酸盐浓度值对应的是经过5.8 h后即25日20:00到27日14:00这些污水经过8个结点后到达#3井时的水质情况。在5.8 h内，不断有途径的泵站的污水汇入，因此#3井处的水包含了其上游流入的所有污水，这些污水在管道内的停留时间从22 min到5.8 h不等。

表1-1 彭越浦至#3井途径泵站的流量表

编号	站名	第一天平均流量	第二天平均流量	48 h平均流量	48 h最大流量	48 h最小流量	编号	站名	第一天平均流量	第二天平均流量	48 h平均流量	48 h最大流量	48 h最小流量
点1	彭越浦	10.689	8.523	9.53	13.75	0	点10	武川	0.046 4	0.068 8	0.057 5	0.085	0
点2	民晏	0.62	0.62	0.62	0.62	0.62		武川污	0.3	0.3	0.3	0.3	0.3
	和田	0.0076	0	0.004	0.122	0	点10	—	0.346 4	0.368 8	0.357 5	0.385	0.3
点2	—	0.6276	0.62	0.624	0.742	0.62	点11	国和	0.336	0.005	0.27	0.57	0
点3	水电	0.079 7	0.046 8	0.062	0.32	0		五角场	0.265	0.52	0.391	0.57	0
点4	广中西	0.071 8	0.160 2	0.094 9	0.122	0	点11	—	0.601	0.525	0.661	1.14	0
点5	广中污	0.154	0.098	0.157	0.35	0	点12	中原	0.388	0.268	0.32	0.6	0
点6	彭江	0.368	0.269	0.32	0.4	0.2		营口	0.027	0	0.012	0.21	0
点7	凉城	0	0	0	0	0	点12	—	0.415	0.268	0.332	0.81	0
点8	汶水路	0	0	0	0	0	点13	新江湾城#1	0.114	0.076	0.094	0.31	0
结点1	凉城路交汇点	11.99	9.72	10.79	18.14	0.82		新江湾城#2	0.0126	0	0.0059	0.41	0
点9	大柏树	0.259	0.126	0.188	0.55	0	点13	—	0.126 6	0.076	0.099 9	0.72	0
—	—	—	—	—	—	—	#3	—	13.74	11.08	12.43	18.62	1.12

表1-2 污水流经相邻泵站之间的流速、时间

路段	1→2	2→3	3→4	4→5	5→6	6→7	7→8	8→结点1	结点1→9	9→10	10→11	11→12	12→13	13→结点2
48h平均流速（m/s）	0.641	0.683	0.687	0.694	0.705	0.726	0.726	0.726	0.726	0.738	0.762	0.806	0.829	0.836
时间/min	28.2	26.5	26.3	26.1	25.7	24.9	24.9	24.9	24.9	24.5	23.8	22.5	21.8	21.7
累积时间/min	28.2	54.7	81	107.1	132.8	157.7	182.6	207.5	232.4	256.9	280.7	303.2	325	346.7

（三）冲刷作用引起的水质变化分析

1. 彭越浦和 #3 井水质变化分析

（1）水质变化总趋势

将彭越浦、#3 井、#2 井泵站检测的 COD、氨氮、SS、磷酸盐浓度进行平均，得出每个水质指标的 24 h、48 h 平均浓度。彭越浦泵站 24 h、48 h 的水质平均值基本持平，因为彭越浦泵站为一个汇流泵站，集中了其上游二十余个泵站的合流污水，水质波动不大。比较彭越浦、#3 井、#2 井 48 h 水质参数平均值，可知 #3 井污水的 COD、氨氮、SS、磷酸盐浓度值分别高于彭越浦 18.4%、57.6%、56.8%、34.4%，如图 1-2 所示。通过彭越浦、#3 井和 #2 井的水质平均值比较，初步得出结论：污水从彭越浦到 #3 井之间 14 125.2 m 水泥箱涵内通过冲刷作用，将沉积于底部的沉积物不断冲起并随污水向下游汇集，使污水中的有机物和悬浮颗粒浓度增加，最终增加了 COD、氨氮、SS、磷酸盐，SS 的显著增加可以明显说明这一点。

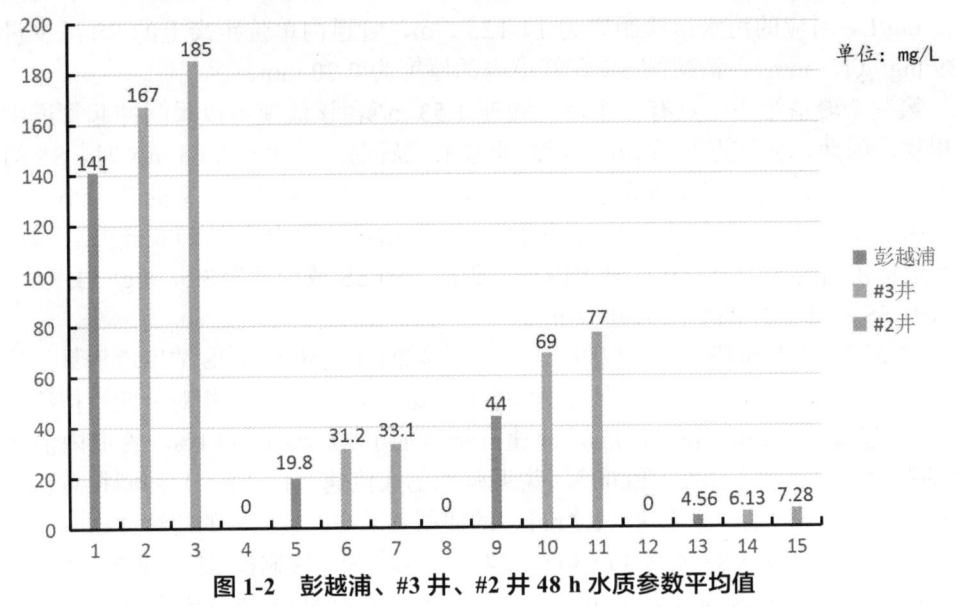

图 1-2　彭越浦、#3 井、#2 井 48 h 水质参数平均值

（2）彭越浦和 #3 井的 SS、氨氮、磷酸盐、COD 的变化分析

① SS 浓度变化。

SS 浓度的变化最直观地反映了冲刷作用带起的沉积物的量。首先，单独分析每一天箱涵上游（彭越浦）和下游（#3 井）的 SS 平均浓度的变化。彭越浦、#3 井第一天 SS 平均浓度分别为 47.7 mg/L、63.6 mg/L，#3 井 SS 平均浓度相对彭越浦增加了 33.3%；彭越浦、#3 井第二天 SS 平均浓度分别为 38.9 mg/L、67.4 mg/L，#3 井 SS 平均浓度相对彭越浦增加了 73.3%。两天 SS 平均浓度平均增加了 53.3%。由上述数据可以看出，第二天 SS 的增加量高于第一天，虽然第一天的平均流量高于第二天，但最大瞬时流量发生在第二天，使其冲起流速大，SS 被冲起的量相应也大。

沉积物被冲起来时所需要的流速被定义为冲起流速，一旦被冲起来后沉积物保持悬浮状态所需要的最低流速为不淤流速。第一个峰值的出现即体现了冲起流速的概念。在 SS 被冲起来之前的 3 个小时，流速持续保持在 1.2 m/s 左右，可认为该流速条件达到了冲起流速，因此在 3 个小时后，SS 的浓度增加值出现一个峰值段，且当流速为 0.78 m/s 时，SS 的浓度差没有减少，说明该流速能保证冲起的 SS 不沉降。根据第一峰值 SS 增加量的平均值（31.7 mg/L）以及对应的污水运移距离（14 125.2 m），可以计算出单位距离上的 SS 消减量为 2.24 mg/（L·mm），消减的 SS 在管道内的厚度为 0.08 mm。

第二个峰值持续的时间较长，为持续冲起流速参数的确定提供了依据。在 SS 被冲起来之前的 3 个小时，流速持续保持在 1.1 m/s 左右，可认为该流速条件达到了冲起流速，因此 SS 的浓度增加值出现一个峰值段，且当流速为 0.67 m/s 时，SS 的浓度差没有减少，说明该流速能保证冲起的 SS 不沉降。在 SS 被冲起来的 8 个小时内，平均流速为 0.86 m/s，彭越浦相对于 #3 井的 SS 浓度增量的平均值为 33.8 mg/L，对应的污水运移距离为 14 125.2 m，管道内单位距离上的 SS 减少量为 2.39 mg/（L·mm），消减的 SS 在管道内的厚度为 0.20 mm。

第三个峰值第一个点有一个极大流速 1.53 m/s，该流速可以瞬间冲起管道中的沉积物，因此，从该点开始 SS 重新被冲起来，后期流速达到 0.68 m/s 时，SS 的浓度差没有减少，说明该流速为本阶段的不淤流速。在 SS 被冲起来的 7 个小时，平均流速为 0.92 m/s，彭越浦相对 #3 井的 SS 浓度增量的平均值为 50.6 mg/L，对应的污水运移距离为 14 125.2 m，管道内单位距离上的 SS 减少量为 3.58 mg/（L·mm），消减的 SS 在管道内的厚度为 0.32 mm。

比较三个冲起阶段情况可以得出，第三个瞬间冲起导致的 SS 浓度增加量是三个峰值段中最大的，该冲刷作用对应的瞬间冲起流速为 1.53 m/s，相对前两段持续冲刷 3 h 的冲起流速 1.2 m/s 和 1.1 m/s，流速分别增加了 27.5% 和 39.1%，管道内消减的 SS 的厚度相对增加了 300% 和 60%，说明瞬间的大流速（1.53 m/s）冲刷相对长时间（3 h 以上）处于启动冲刷流速（1.2 m/s）的冲刷效果好，且需要的持续冲刷时间短。

第一天共冲刷掉 SS 质量 17 686 kg（24 h），第二天共冲刷掉 SS 质量 22 312 kg（20 h），44 h 共冲刷掉 SS 质量为 39 998 kg。第二天冲刷掉的 SS 质量比第一天高 26.2%。两天冲刷的 SS 累积厚度为 0.67 mm，平均每天冲刷掉的 SS 厚度为 0.335 mm。

②氨氮浓度变化。

水样采集期间，彭越浦到 #3 井箱涵的运行模式为：先开放彭越浦一个闸门使污水冲刷其中一条箱涵后汇入 #3 井，24 h 后关闭阀门，开启另一条闸门，即对另一条箱涵进行冲刷试验。

图 1-3 为第一天和第二天的彭越浦及其流经下游泵站汇入 #3 井对应的氨氮浓度趋势图。彭越浦、#3 井第一天氨氮平均浓度分别为 19.29 mg/L、32.72 mg/L，第一天 #3 井的氨氮平均浓度相对彭越浦增加了 69.6%；彭越浦、#3 井第二天氨氮平均浓度分别为 20.02 mg/L、27.41 mg/L，第二天 #3 井的氨氮平均浓度相对彭越浦增加了 36.9%。

#3 相对彭越浦氨氮平均浓度增加量第一天大于第二天,说明氨氮是质量较轻的小颗粒有机质,小流速足以冲起含氨氮的有机质,这就是为什么即使第二天有一个极大瞬时流速,其冲刷带起的颗粒物量仍然低于第一天。比较彭越浦第一天和第二天的氨氮平均浓度可知其变化不大,这也证实了前文叙述的混合污水水质相对均匀的假设。

第一天共冲刷掉氨氮质量 17 228 kg(24 h),第二天共冲刷掉氨氮质量 4 884 kg(20 h),44 h 共冲刷掉氨氮质量为 22 112 kg。第一天冲刷掉的氨氮质量比第二天高 253%。

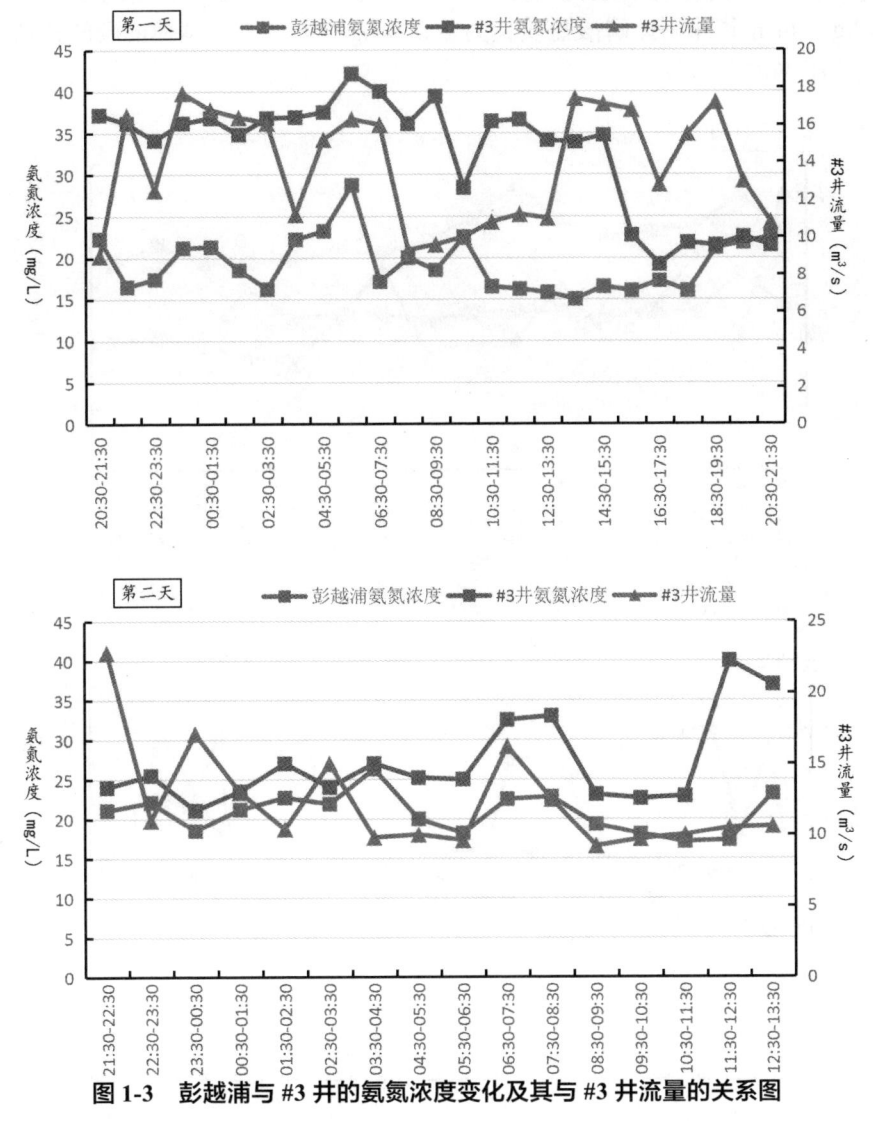

图 1-3　彭越浦与 #3 井的氨氮浓度变化及其与 #3 井流量的关系图

③磷酸盐浓度变化。

从图 1-4 可以看出,污水经过 5.8 h 的汇流,#3 井中污水的磷酸盐含量高于彭越浦。彭越浦、#3 井第一天磷酸盐平均浓度分别为 4.09 mg/L、5.29 mg/L,第一

天 #3 井的磷酸盐平均浓度相对彭越浦增加了 29.3%；彭越浦、#3 井第二天磷酸盐平均浓度分别为 4.89 mg/L、7.49 mg/L，第二天 #3 井的磷酸盐平均浓度相对彭越浦增加了 53.2%。第二天磷酸盐的平均浓度增量相对第一天高，是因为第二天的瞬时大流速冲起了管道内的大量沉积物，研究表明，无机磷在悬浮固体的总磷含量中占 10%～80%，因此，磷酸盐的上升趋势是由于沉积物被冲起来带走引起的，而磷酸盐存在于沉积物固体中。

第一天共冲刷掉的磷酸盐质量为 1 436 kg，第二天共冲刷掉的磷酸盐质量为 1 834 kg，44 h 共冲刷掉磷酸盐质量为 3 270 kg。第二天冲刷掉的磷酸盐质量比第一天高 27.7%。

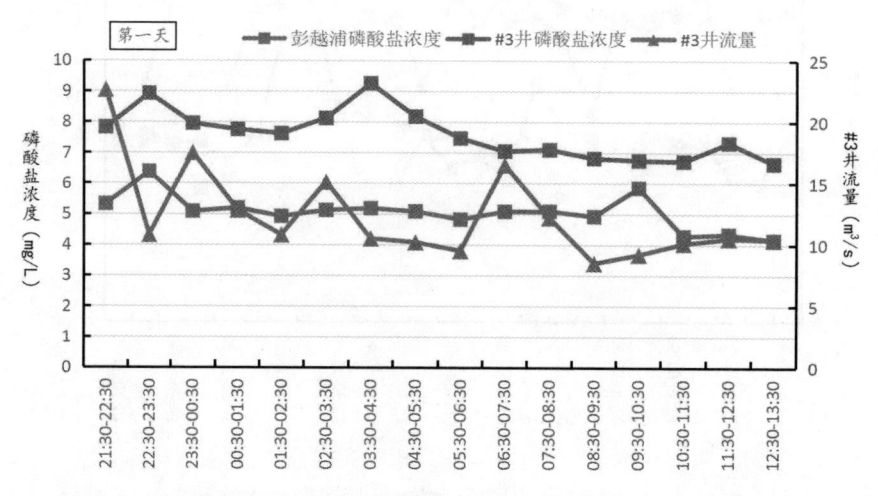

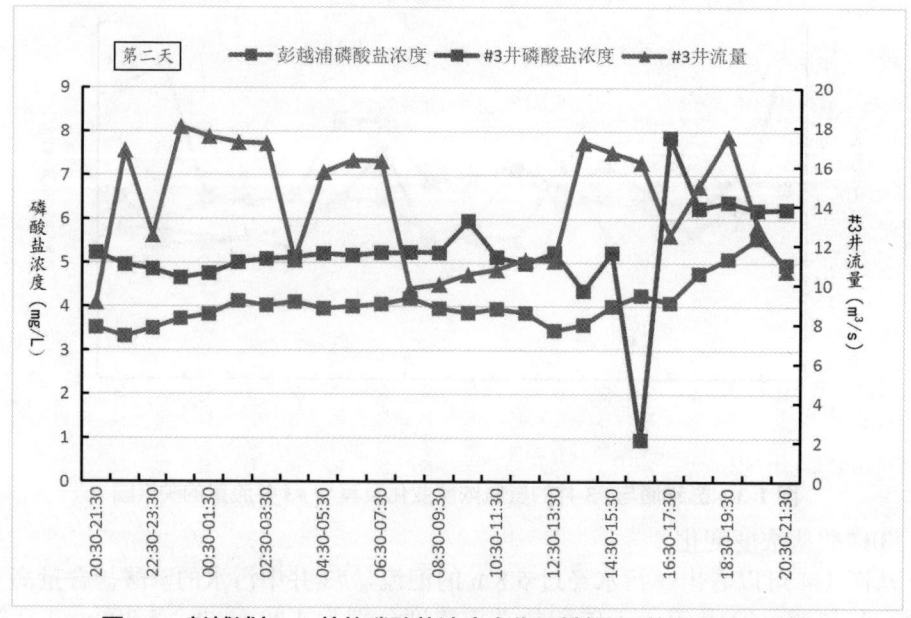

图 1-4　彭越浦与 #3 井的磷酸盐浓度变化及其与 #3 井流量的关系图

④ COD 浓度变化。

从图 1-5 可知，彭越浦、#3 井第一天 COD 平均浓度分别为 153.3 mg/L、162.6 mg/L，第一天 #3 井的 COD 平均浓度相对彭越浦增加了 6.1%；彭越浦、#3 井第二天 COD 平均浓度分别为 121.6 mg/L、166.1 mg/L，第二天 #3 井的 COD 平均浓度相对彭越浦增加了 36.6%。说明从上游冲下来的污水带起了箱涵中的沉积物，沉积物中的浓度增加，有机物的浓度也会随之增加。而由于有机物的浓度与悬浮颗粒物的浓度密切相关，第二天大瞬时流速冲刷带走的颗粒物高于第一天，因此第二天 COD 平均浓度的增量明显大于第一天。

第一天共冲刷掉 COD 质量为 7 161 kg，第二天共冲刷掉 COD 质量为 31 112 kg，44 h 共冲刷掉 COD 质量为 38 273 kg。第二天冲刷掉的 COD 质量比第一天高 334%。

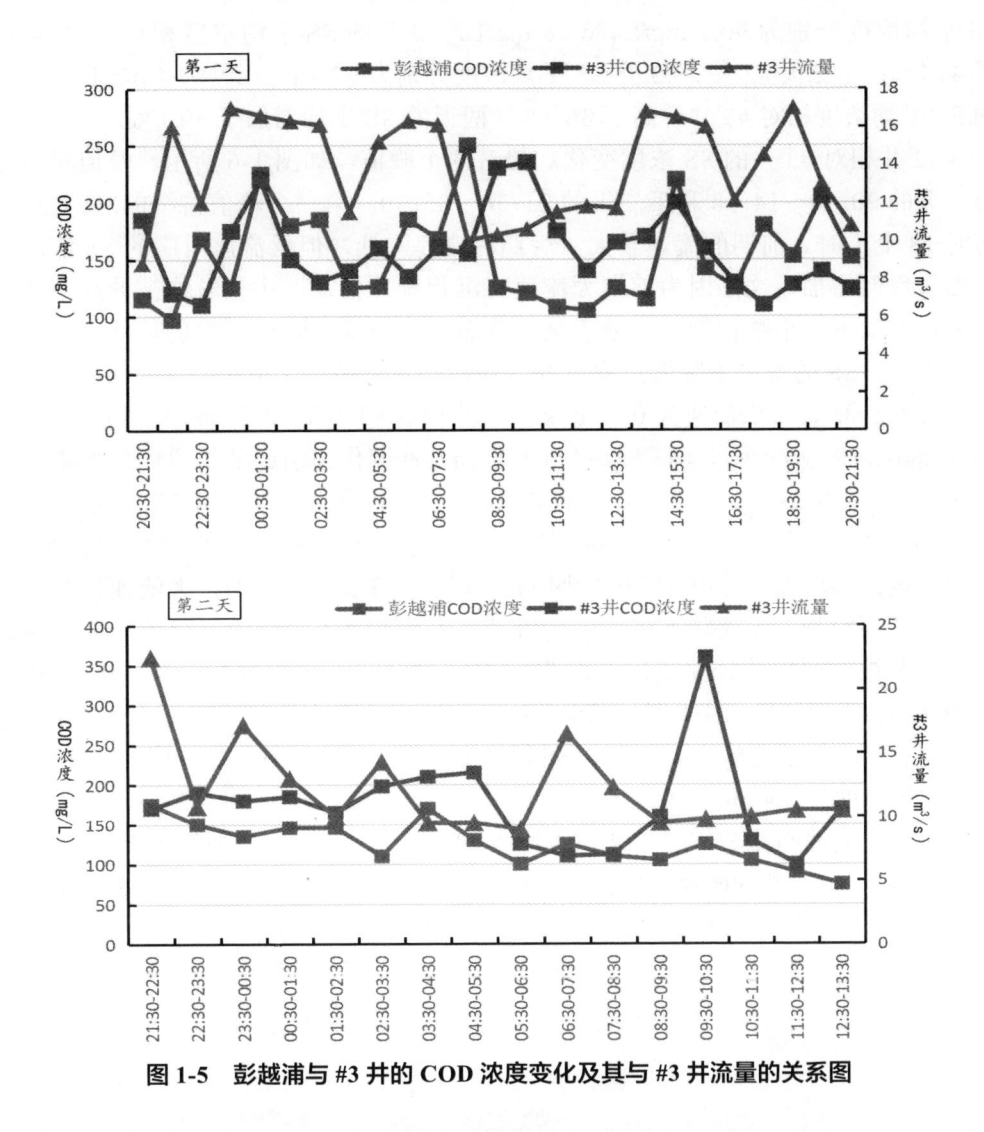

图 1-5 彭越浦与 #3 井的 COD 浓度变化及其与 #3 井流量的关系图

2. #2 井和 #3 井水质变化分析

（1）水质变化总趋势

#2 井 48 h 污水的 COD、氨氮、SS、磷酸盐平均浓度分别高于 #3 井 17.1%、55.6%、47.7%、40.4%。污水从 #3 井流至 #2 井，水质的 COD、氨氮、SS、磷酸盐平均浓度增加量低于污水从彭越浦到 #3 井，主要原因是 #3 井和 #2 井之间距离仅 1 052 m，是彭越浦与 #3 井之间距离的 7%，污染物总量少，因此，短距离积累的冲刷作用小于长距离。

（2）#2 井和 #3 井的 SS、氨氮、磷酸盐、COD 的变化分析

① SS 浓度变化。

单独分析每一天 #2 井和 #3 井的 SS 平均浓度的变化：第一天 #2 井、#3 井 SS 平均浓度分别为 90.2 mg/L、63.6 mg/L，#2 井的 SS 平均浓度相对 #3 井增加了 41.8%；第二天 #2 井、#3 井 SS 平均浓度分别为 67.4 mg/L、49.4 mg/L，#2 井的 SS 平均浓度相对 #3 井升高了 36.4%。两天的 SS 平均增加了 39.1%。

#2 井相对 #3 井的 SS 浓度变化趋势有两个峰值，如图 1-6 所示。峰值集中在第一天的 20:30～14:30 和第二天的 21:30～05:30。第一个峰值持续的时间较长，历时 18 个小时。前期的流速较大，后期的流速降低，但低流速对应的 SS 浓度的增加值反而增加，这是因为前期大流速将沉积物冲松动，小颗粒物被冲起，在持续流速推动下，小颗粒物一直处于悬浮状态，流速虽然降低，但仍然处于不淤流速，因此，SS 的增量不降低反而升高。该阶段流速范围为 0.67～1.21 m/s，冲起流速为 1.2 m/s，不淤流速为 0.67 m/s，#2 井相对 #3 井的 SS 浓度增量的平均值为 36.7 mg/L，对应的污水运移距离为 1 052 m，冲刷作用引起的管道内单位距离上的 SS 减少量为 35 mg/（L·mm），消减掉的 SS 在管道内的厚度为 7.2 mm。

第二个峰值阶段从第二天冲刷作用开始持续 8 h，该段 #2 井相对 #3 井的 SS 浓度增量持续增加，是由 21:30 的瞬间大流速 1.53 m/s 引起的，大流速冲起大量的大粒径颗粒物，流速降下来后，仍维持在不淤流速 0.67 m/s，松动后的小颗粒物也不断被冲起保持悬浮状态，因此，SS 浓度呈现逐步增加的趋势。#2 井相对 #3 井的 SS 浓度增量的平均值为 36.7 mg/L，对应的污水运移距离为 1 052 m，冲刷作用引起的管道内单位距离上的 SS 减少量为 35 mg/（L·mm），削减掉的 SS 在管道内的厚度为 3.4 mm。

第一天共冲刷掉 SS 质量 14 664 kg（24 h），第二天共冲刷掉 SS 质量 32 898 kg（20 h），44 h 共冲刷掉 SS 质量为 47 562 kg。两天冲起的沉积物 SS 累积厚度为 10.6 mm，平均每天冲起的 SS 厚度为 5.3 mm。

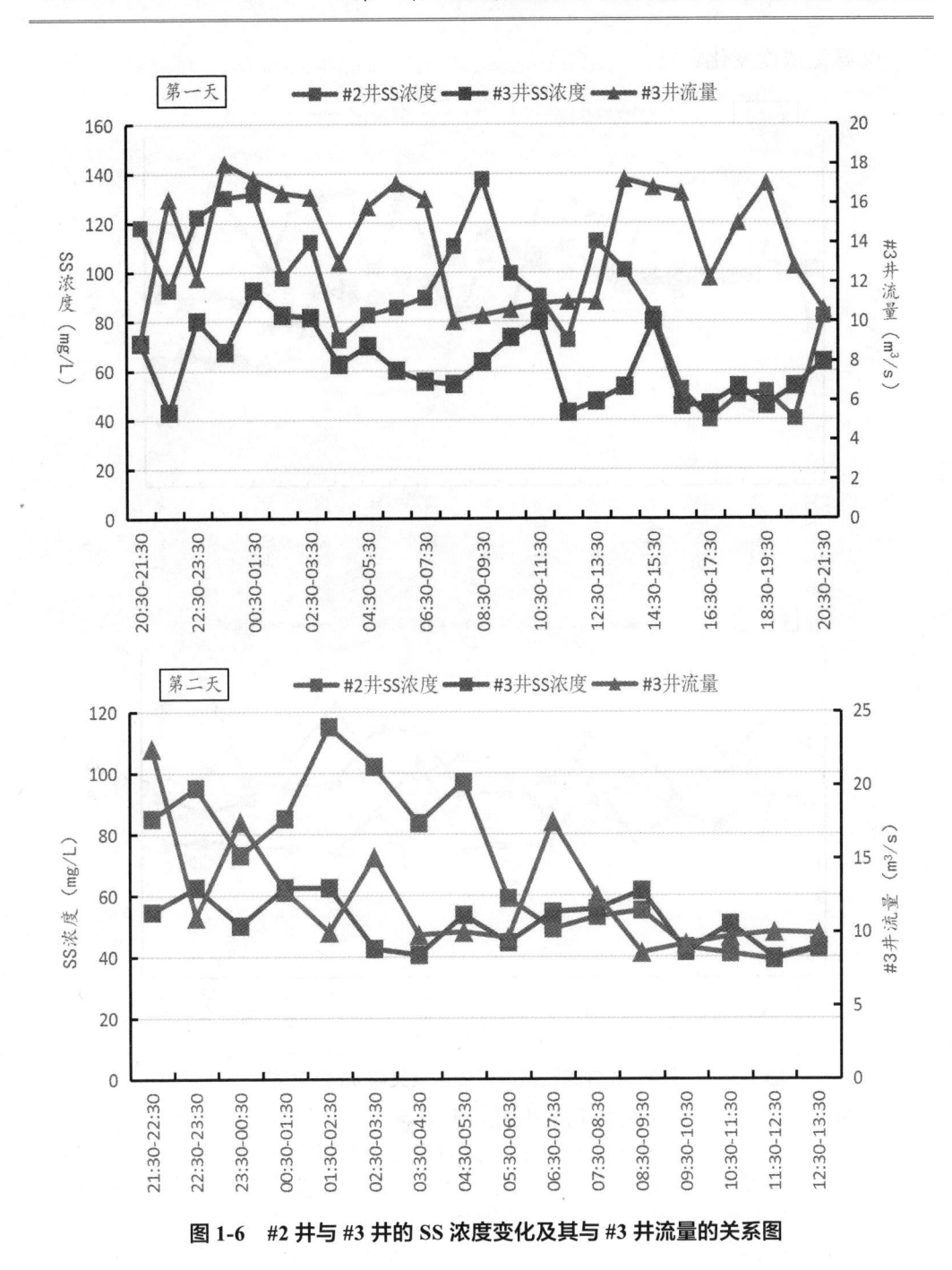

图 1-6 #2 井与 #3 井的 SS 浓度变化及其与 #3 井流量的关系图

②氨氮浓度变化。

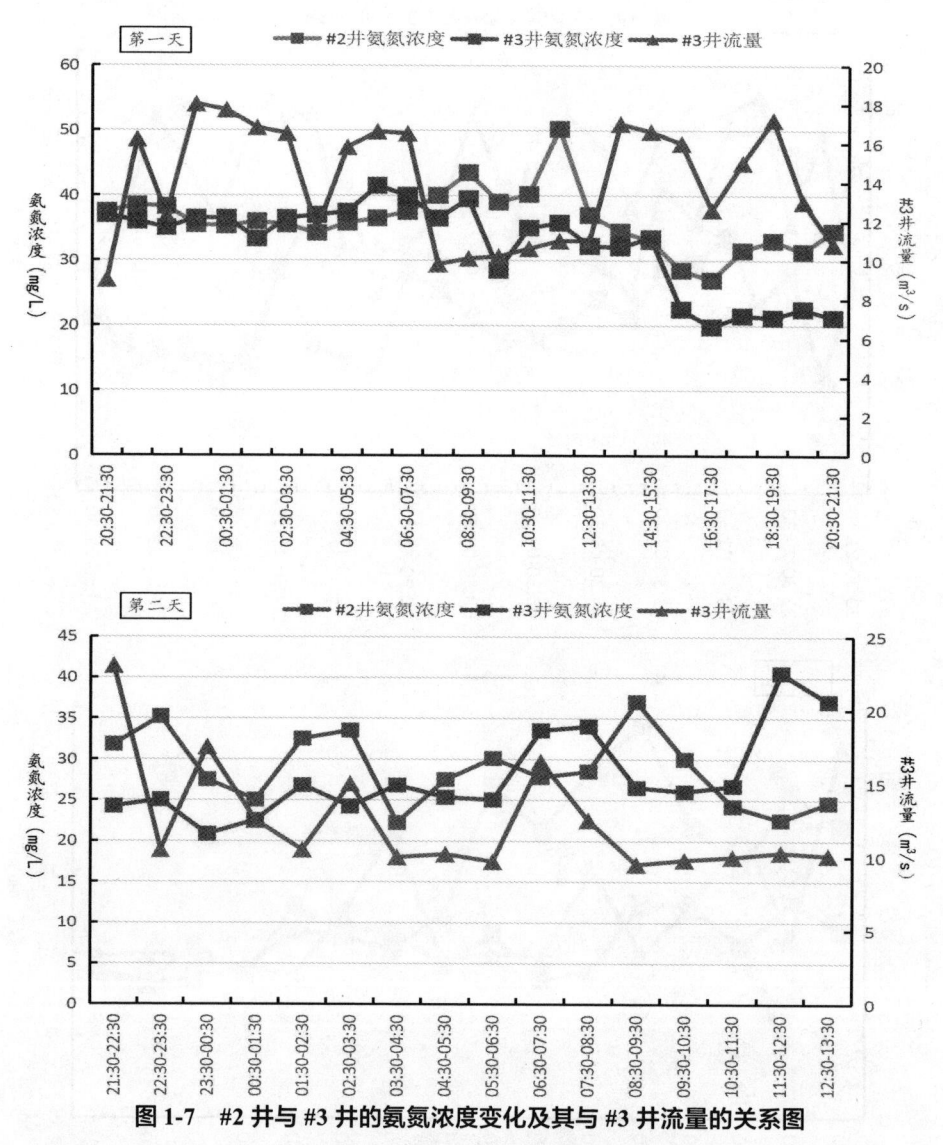

图 1-7　#2 井与 #3 井的氨氮浓度变化及其与 #3 井流量的关系图

由图 1-7 可知，第一天最初几个小时的大流速并未使氨氮浓度出现显著的增加，这是因为大流速将大颗粒的无机质冲起，而氨氮是有机质，其质量相对较轻，后期的小流速已经可以将其冲起，使其处于反应状态，故大流速对氨氮的影响并不显著。

#2 井、#3 井第一天氨氮平均浓度分别为 36.0 mg/L、32.8 mg/L，#2 井的氨氮平均浓度相对 #3 井增加了 9.8%；#2 井、#3 井第二天氨氮平均浓度分别为 27.6 mg/L、27.4 mg/L，#2 井的氨氮平均浓度相对 #3 井增加了 0.7%。第一天共冲刷掉氨氮质量为 3 641 kg，第二天共冲刷掉氨氮质量为 980 kg，44 h 共冲刷掉氨氮质量为 4 621 kg。

③磷酸盐浓度变化。

#2 井、#3 井第一天磷酸盐平均浓度分别为 6.48 mg/L、5.29 mg/L，#2 井的磷

酸盐平均浓度相对 #3 井增加了 22.5%；#2 井、#3 井第二天磷酸盐平均浓度分别为 8.81 mg/L、7.49 mg/L，#2 井的磷酸盐平均浓度相对 #3 增加了 17.6%。

第一天共冲刷掉磷酸盐质量为 1 552 kg，第二天共冲刷掉磷酸盐质量为 870 kg，44 h 共冲刷掉磷酸盐质量为 2 422 kg。#2 井与 #3 井的磷酸盐浓度变化及其与 #3 井流量的关系图如图 1-8 所示。

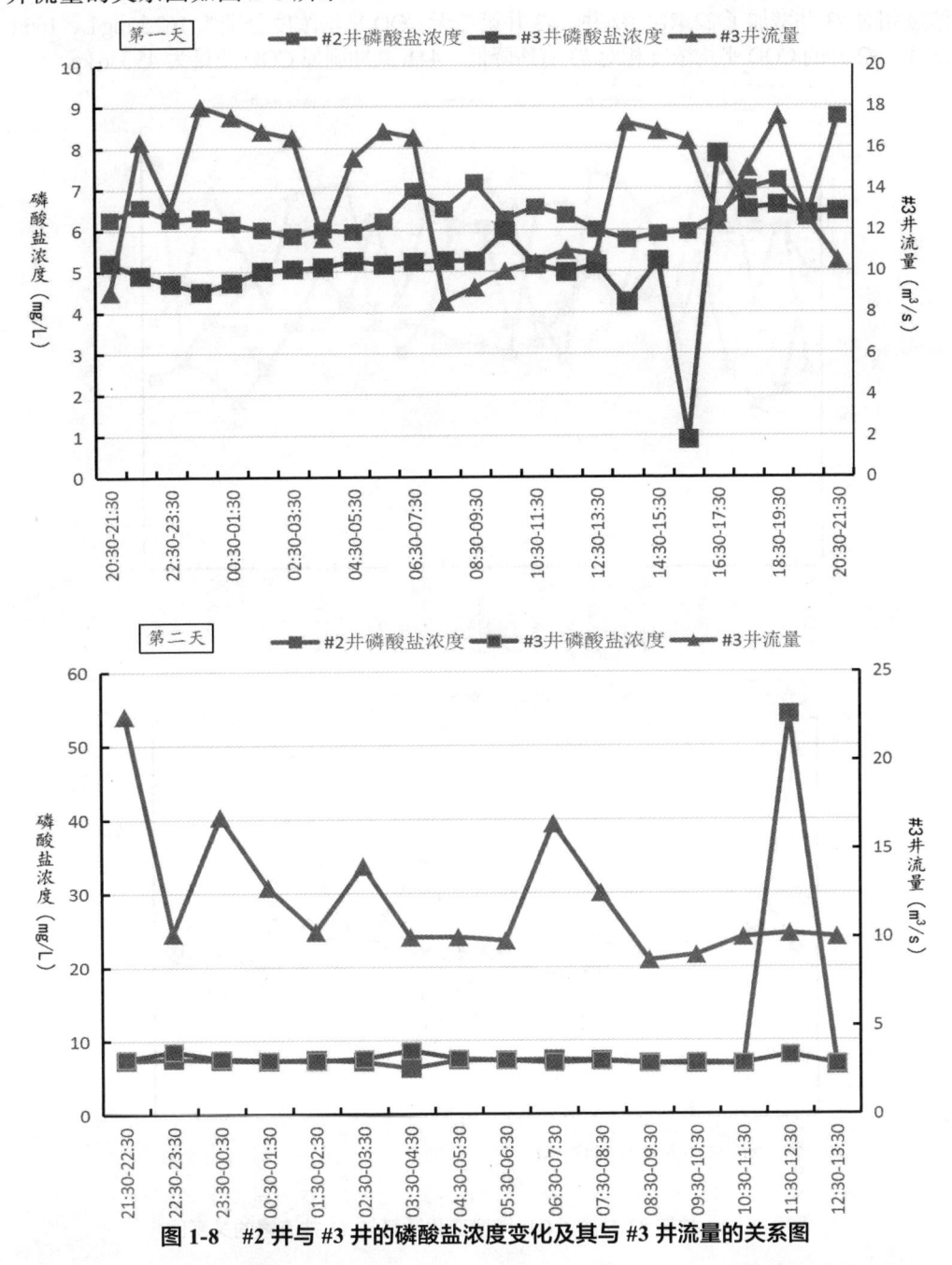

图 1-8　#2 井与 #3 井的磷酸盐浓度变化及其与 #3 井流量的关系图

④ COD 浓度变化。

由图 1-9 可知，#2 井的 COD 浓度比 #3 井有一定程度的升高，这是由于冲刷的距离较短，冲刷作用累积的悬浮物浓度增加量不高，其中有机物的浓度增加也不大，另一个原因是，检测时，并未将水样混匀，沉于底部的沉积物中的有机物浓度并未计算进来。

#2 井、#3 井第一天 COD 平均浓度分别为 199.1 mg/L、162.6 mg/L，#2 井的 COD 平均浓度相对 #3 井增加了 22.4%；#2 井、#3 井第二天 COD 平均浓度分别为 162.3 mg/L、166.1 mg/L，#2 井的 COD 平均浓度相对 #3 有所降低。44 h 共冲刷掉 COD 质量为 45 336 kg。

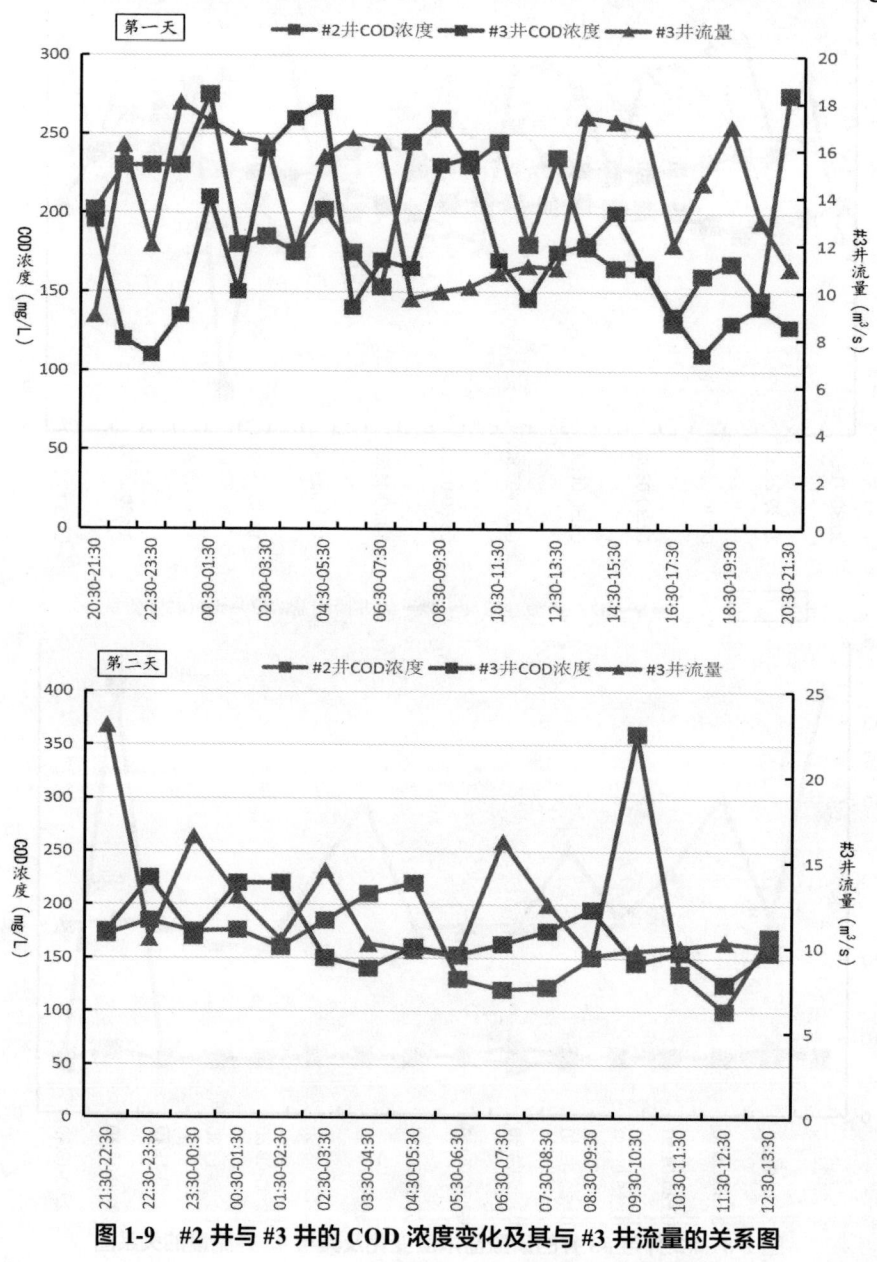

图 1-9 #2 井与 #3 井的 COD 浓度变化及其与 #3 井流量的关系图

（四）冲刷试验的结论

冲刷作用均可以引起管道内氨氮、COD、SS以及磷酸盐浓度的增加，其中，SS的增加最为明显，可以作为代表冲刷作用的主要参数。

对于彭越浦和#3井，两天内由冲刷作用引起的管道内消减的SS、氨氮、磷酸盐、COD的质量分别为39 998 kg、22 112 kg、3 270 kg、38 273 kg。对于#2井和#3井，两天内由冲刷作用引起的管道内消减的SS、氨氮、磷酸盐、COD的质量分别为47 562 kg、4 621 kg、2 422 kg、45 336 kg。

管道内的水流速度对于SS的变化影响最为显著，SS随着流速的变化呈现出明显的阶段变化趋势。在长距离（彭越浦到#3井）冲刷作用中，瞬间大流速1.53 m/s冲刷相对3 h持续处于冲起流速1.2 m/s和1.1 m/s，其流速分别增加了27.5%和38.2%，但管道内SS减少的厚度相对增加了300%和60%。说明瞬间大的流速对于污染物的去除具有更加明显的效果。对于持续冲刷作用，冲起流速为1.1 m/s，不淤流速为0.67 m/s。

在短距离（#2井到#3井）冲刷作用中，冲起流速为1.2 m/s，不淤流速为0.67 m/s。相对长距离冲刷作用引起SS的消减量，短距离因其最大流速发生在整个管道内，冲起的SS更多，造成其运行效果更佳。

五、出口泵站低水位运行试验

根据出口泵站实际工况，论证出口泵站优化运行水位方案，控制并杜绝预处理厂后池高液位溢流，充分考虑方案在实际运行过程中的可操作性，拟对出口泵站实施低水位运行试验，通过试验数据来优化出口泵站运行水位，从而达到降低开、停泵频次的目的。

（一）出口泵站高水位运行情况

合流一期工程出口泵站目前现状按照高水位运行。出口泵站现状运行水位如表1-3所示。

表1-3　出口泵站现状运行水位

出口泵站运行目标液位		
流量（m³/s）	< 30	> 30
台数	≤ 4	≥ 5
前池液位控制目标/m	4.20～3.20	2.17～1.45

1. 旱天出口泵站的运行情况

按照现状水位运行的出口泵站输送流量过程线（图1-10），由于未能充分利用管道调蓄能力，造成污水厂旱天溢流约15万 m³/d。

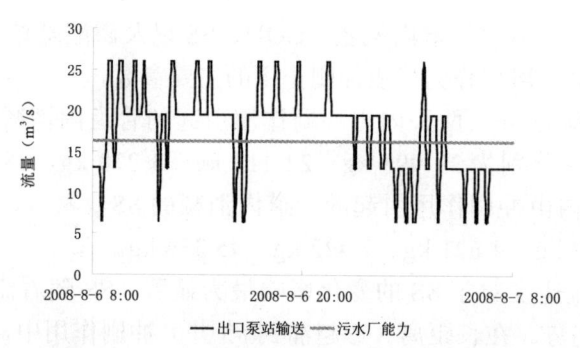

图 1-10　出口泵站高水位运行实际输送过程线

出口泵站高水位运行实际前池水位如图 1-11 所示。根据管理人员经验，目前在出口泵站的前池以 4.2 m 作为极限水位，当水位超出 4.2 m，预处理厂后池可能超出 5.0 m 发生溢流。

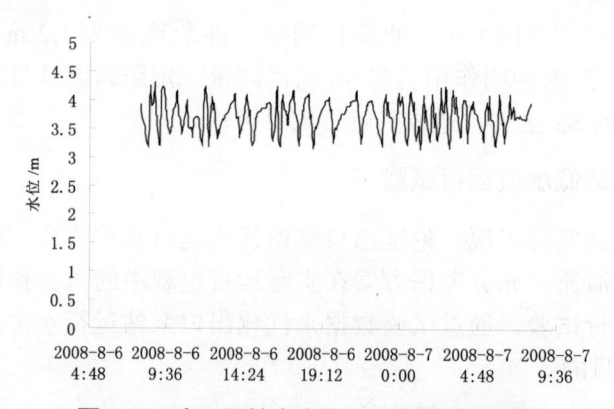

图 1-11　出口泵站高水位运行实际前池水位

2. 出口泵站现状雨天运行情况

临界降雨（10 mm/h）下出口泵站高水位运行情况如图 1-12 和图 1-13 所示。

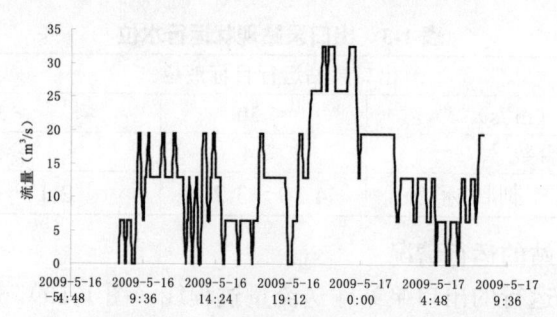

图 1-12　出口泵站高水位运行临界降雨实际输送过程线

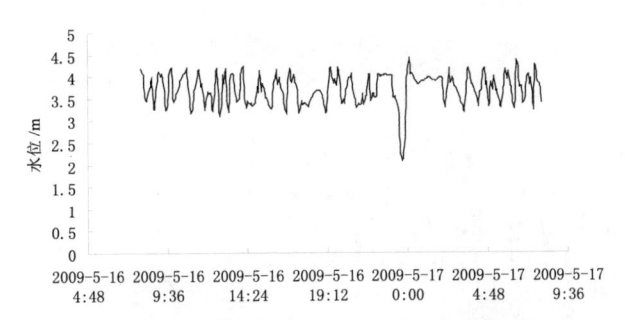

图1-13 出口泵站高水位运行临界降雨实际前池水位线

大雨（15～20 mm/h）下出口泵站高水位运行情况如图1-14和图1-15所示。

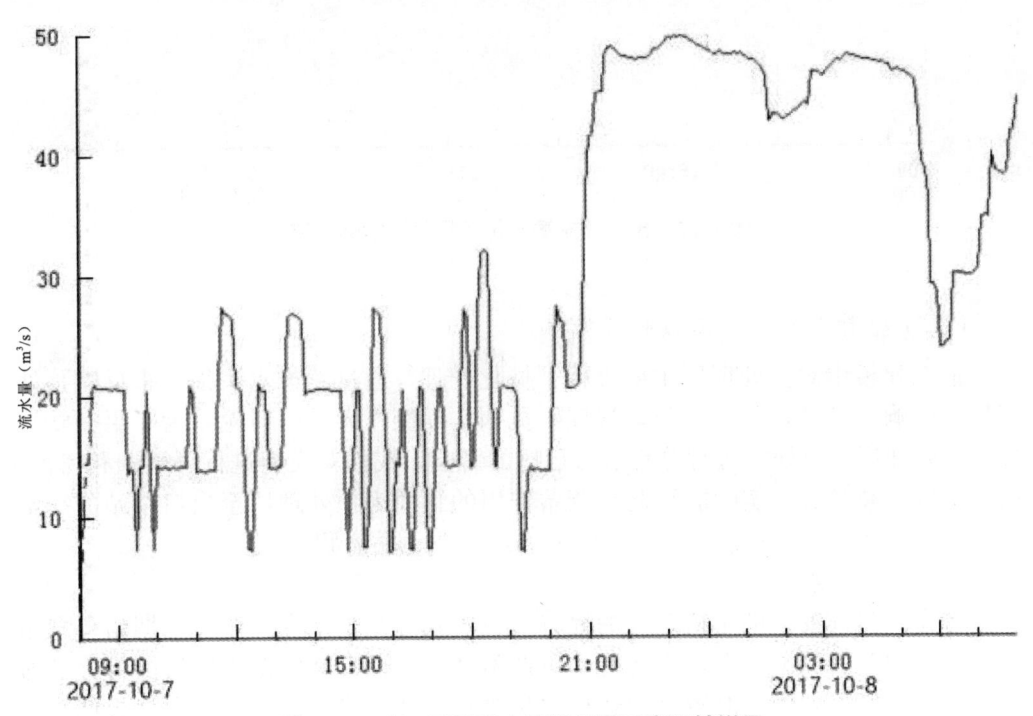

图1-14 出口泵站高水位运行雨天实际输送量

图 1-15　出口泵站高水位运行雨天实际水位

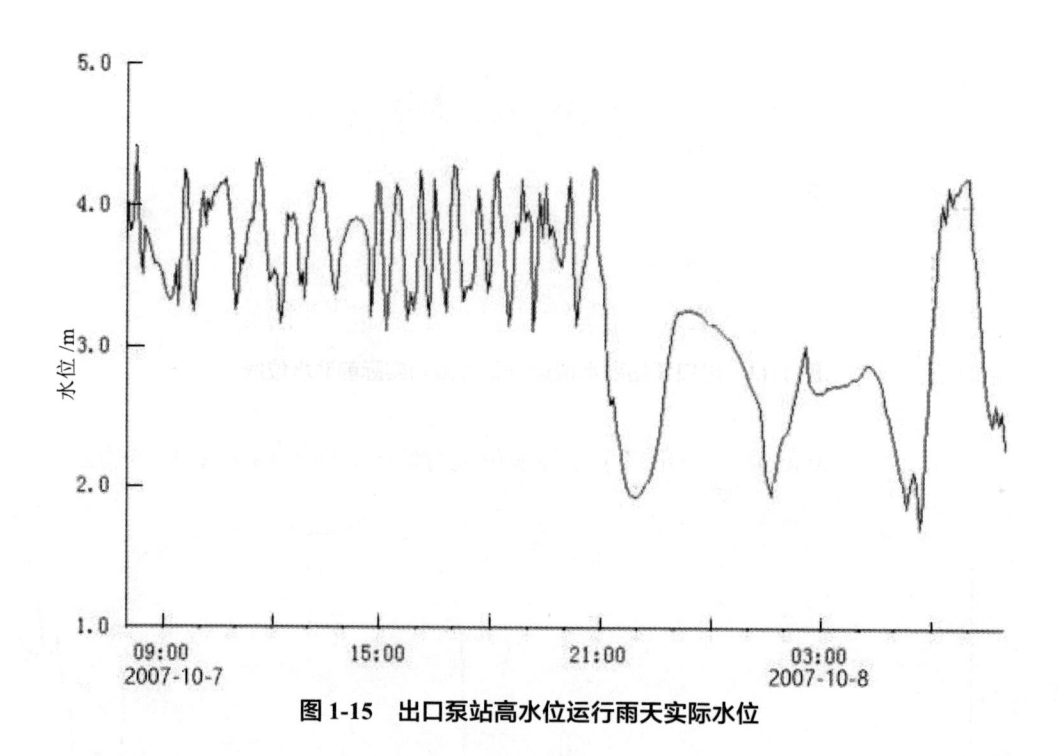

（二）推荐低水位与模拟验证

前期建模中对预处理厂主要进行了概化处理，通过考虑水头损失来反映预处理厂的影响。经过竹园一分公司管理人员和实际操作人员的讨论，为了更完整地反映预处理厂出口处的堰对总管水力运行的影响，我们对模型进行了微调和完善，引入堰以及超越管。实际能够起到调蓄作用的管线为预处理厂至出口泵站的一段管道，经模型计算，能够提供最大约 30 000m³ 的调蓄容积。

1. 推荐运行水位

考虑到目前安装的泵机运行的允许水位，我们在重新查阅合流一期出口泵站设计剖面图等资料基础上，将运行水位调整到一个更合理的范围，后面将分别通过已经率先定好的模型对本推荐运行水位进行验证，以保证同时兼顾旱天低水位运行的均化效果与雨天运行的防汛安全。

2. 低水位旱天模拟验证

对应模拟得到的出口泵站输送过程线及前池水位如图 1-16 和图 1-17 所示。由图可知，本方案提出的均化效果比较实际，且更为操作可行，相对原运行情况，泵机仍能减少大量的启闭次数。

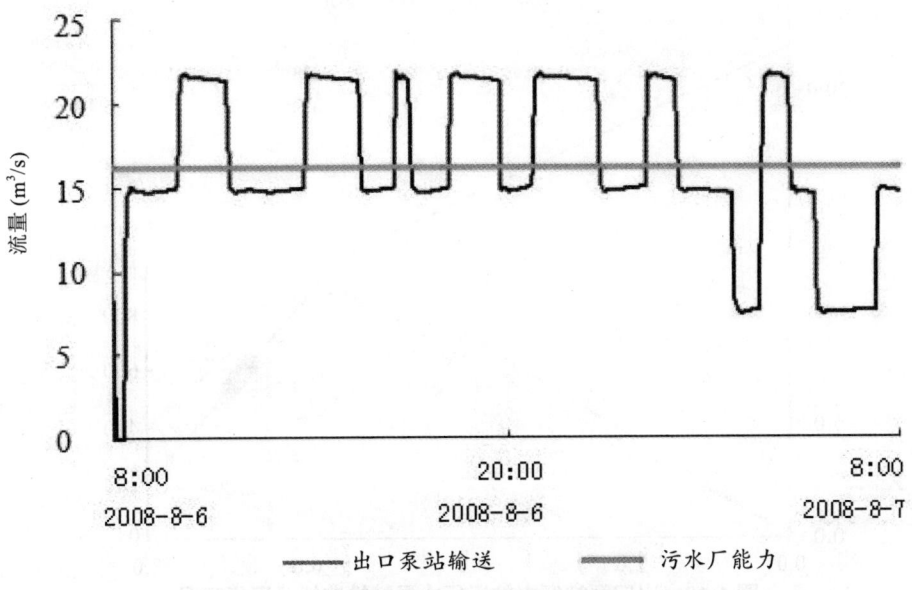

第一章 基础理论、工艺介绍及其关键性主体设施设备

图 1-16 出口泵站低水位运行模拟输送过程线

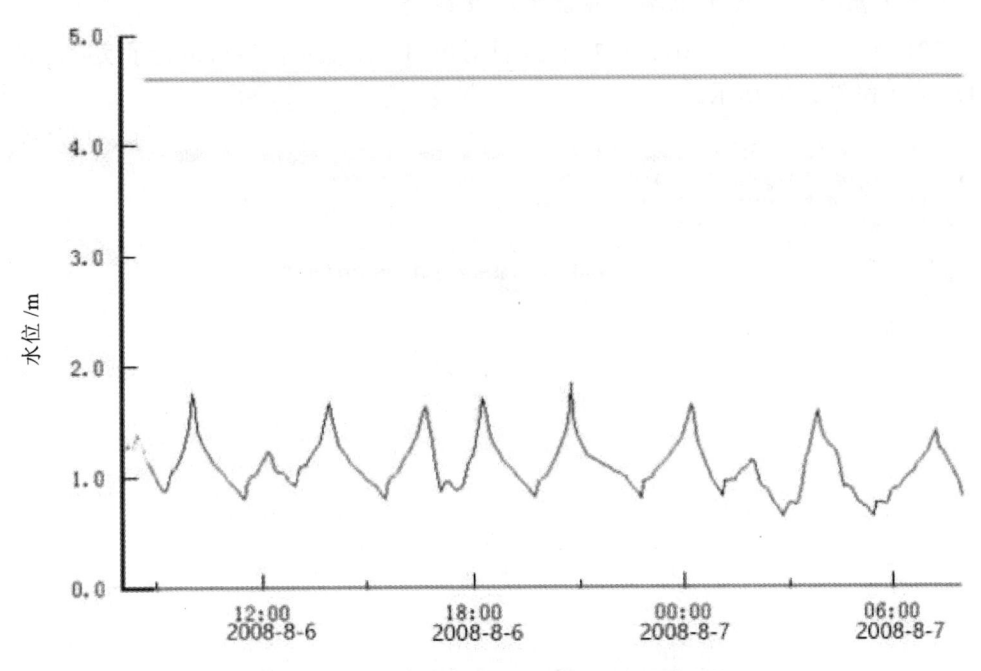

图 1-17 出口泵站低水位运行模拟前池水位

按出口泵站的水泵 1600 HLB-12 A 出厂特性曲线进行模拟，运行曲线和工况如图 1-18 所示。水泵工况点主要分布在曲线范围内额定工况点右下侧，属于正常工作范围，效率在 45%～65%。

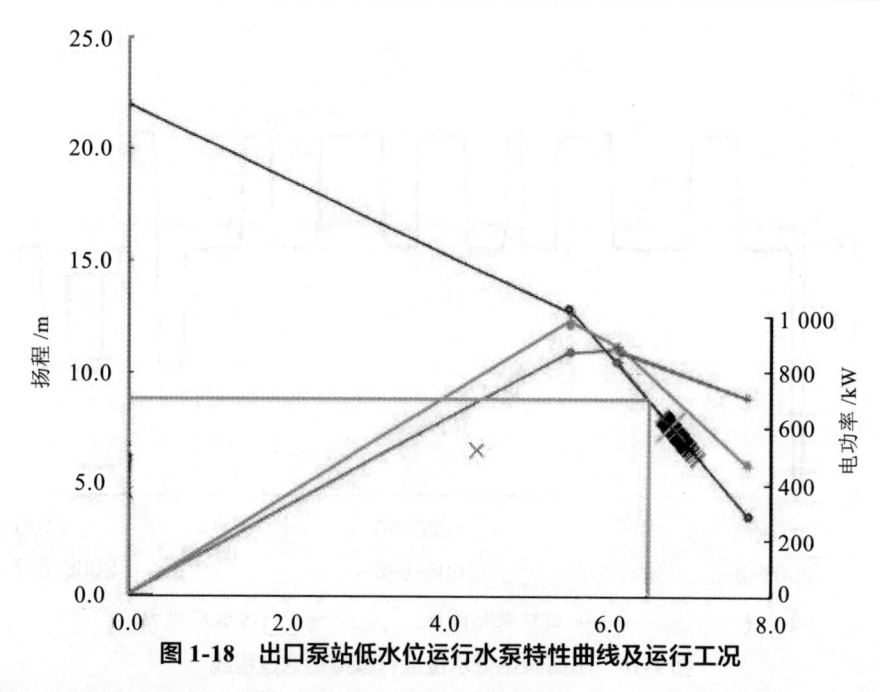

图 1-18　出口泵站低水位运行水泵特性曲线及运行工况

（三）出口泵站低水位旱天验证情况及结论

2011年7月27日—2011年7月29日对出口泵站低水位运行进行了实际验证，如图1-19和图1-20所示。

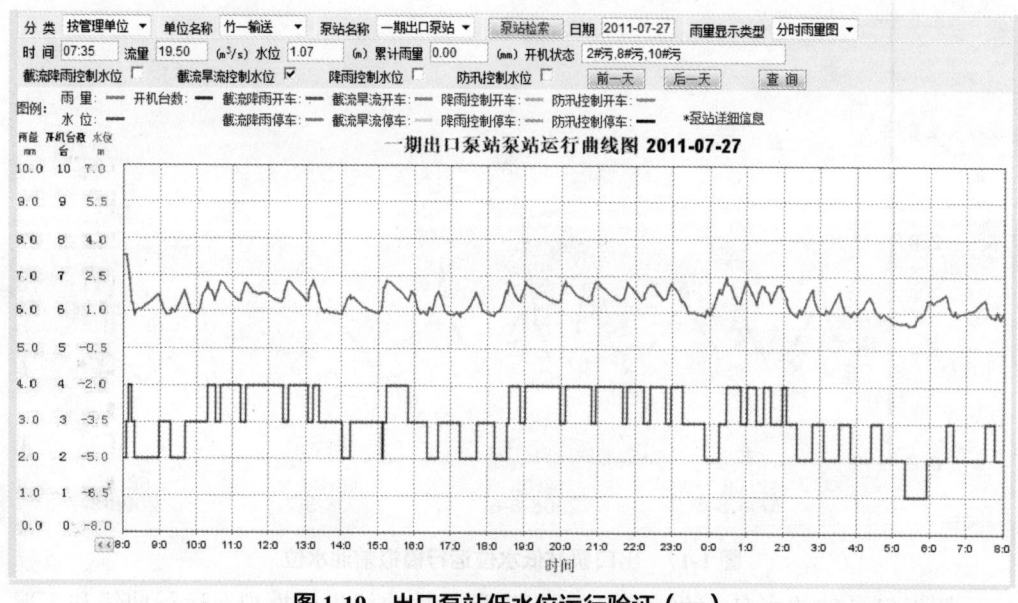

图 1-19　出口泵站低水位运行验证（一）

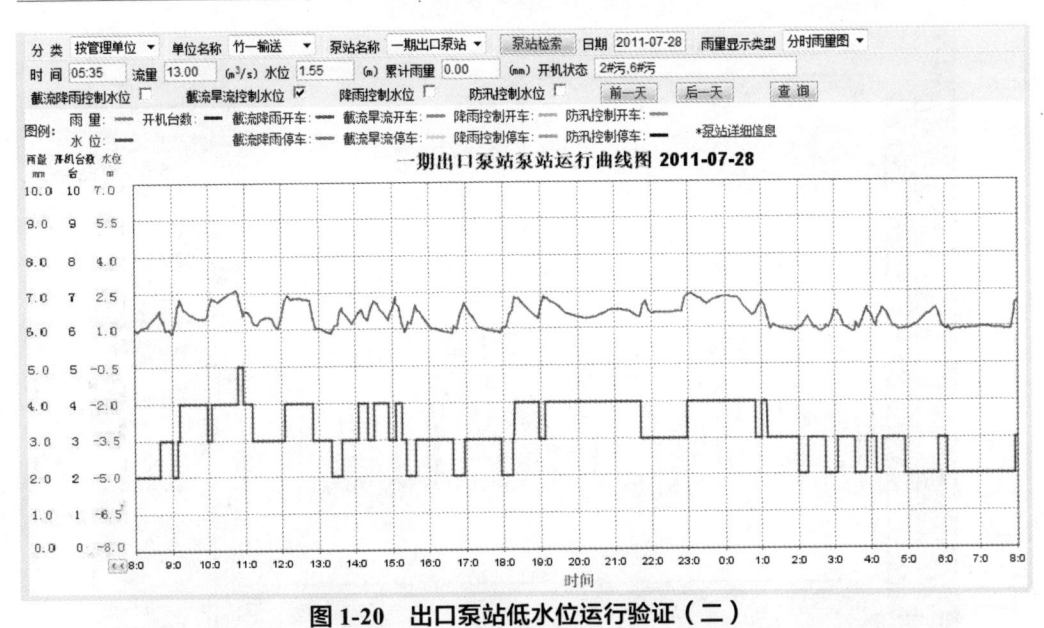

图 1-20 出口泵站低水位运行验证（二）

图 1-21 和图 1-22 是预处理厂后池低水位运行溢流情况。

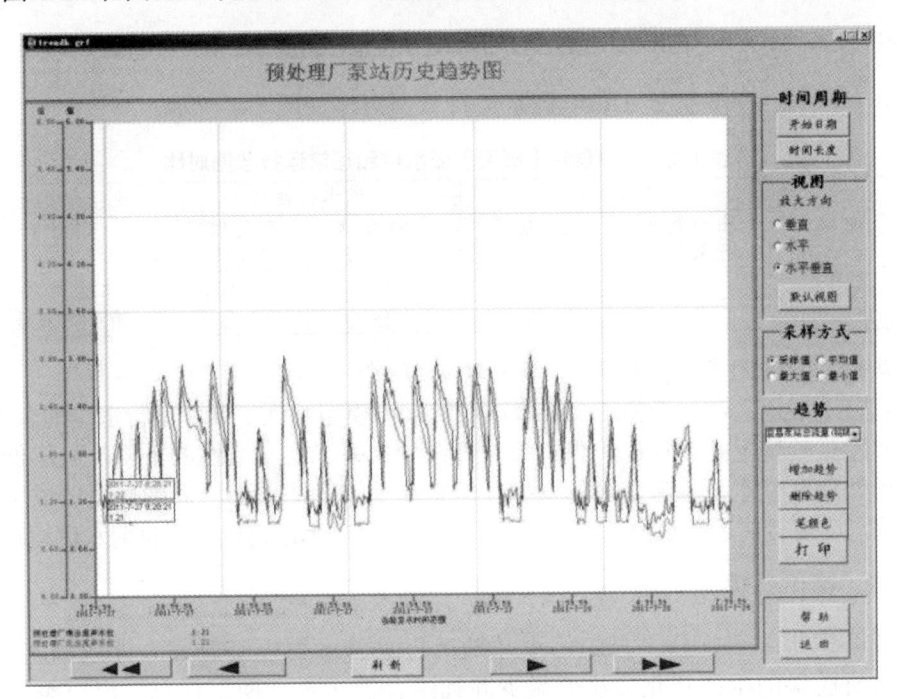

图 1-21 预处理厂后池低水位运行溢流（一）

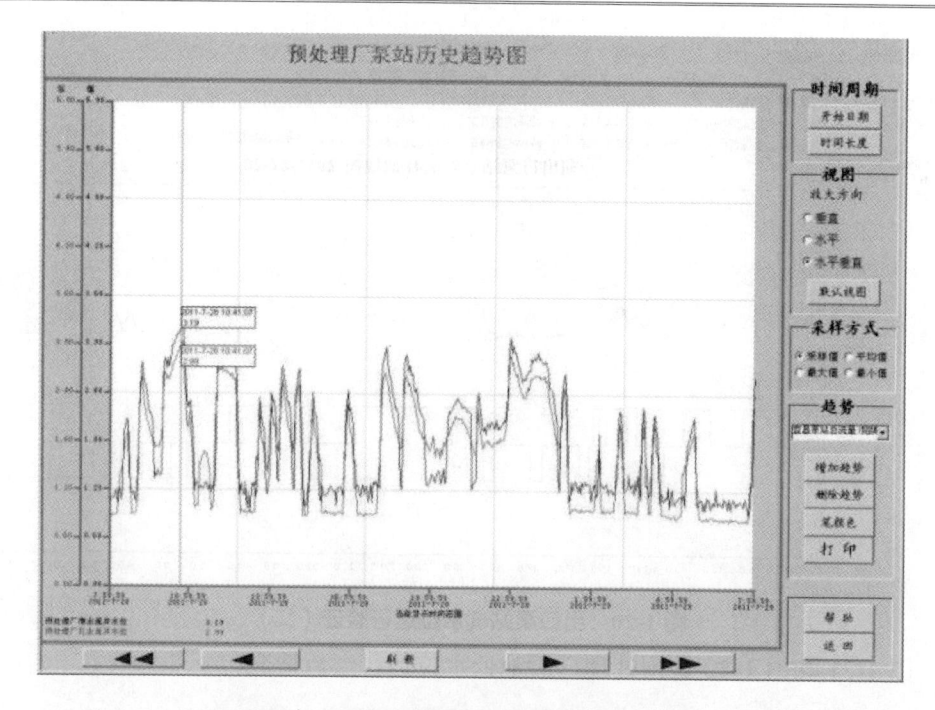

图1-22 预处理厂后池低水位运行溢流（二）

出口泵站（旱天）低水位和正常运行数据对比如图1-4所示。

表1-4 出口泵站（旱天）低水位和正常运行数据对比

时间	正常运行		低水位运行		结论
	出口泵站开泵频次	预处理厂溢流情况	出口泵站开泵频次	预处理厂溢流情况	
第一天	29	无	30	无	相差无几
第二天	32	无	23	无	有一定减少

注：低水位运行采用7月27日~28日数据；正常运行采用9月27~28日数据

通过上述雨天和旱天的工况模拟，虽然水力模型验证了推荐运行水位的合理性，但是实际试验情况并非如此，出口泵站开泵频次并未有实质性的下降，虽然低水位运行预处理厂基本无溢流情况的发生，但是臭气浓度的增加给周围环境造成了不利的影响，反观目前运行水位基本达到了设计的工况，因此仍然沿用目前水位运行。

六、结论分析

我公司进一步深化"合流污水一期工程总管水力模型研究"课题的实用性，推动科研成果的生产转化；显著减少并杜绝合流污水一期工程总管出口泵站和预处理厂后池高液位溢流，具有显著的环境效益；合流一期箱涵在单箱涵冲洗后，减少淤泥存积提高输送效率，为合流箱涵安全运行提供保障。

出口泵站开泵频次有所降低，将有效改善设备的运行工况，对提高设备完好率打下基础。

第二节 上海市中心城区初期雨水污染治理策略与案例分析

一、背景

(一) 排水系统现状

上海市中心城区已形成合流制和分流制排水体制并存的格局，合流制排水系统主要分布于中心城区苏州河沿岸。根据 2002 年《上海市城镇雨水系统专业规划》，全市共规划建设排水系统 361 个。其中，中心城区规划建设排水系统 281 个。至 2009 年底，全市已建成排水系统 250 个（中心城区建成 213 个）。其中，合流制排水系统 71 个。

(二) 初期雨水污染现状

上海市中心城 3 大片区、5 大干线 213 个排水系统的建立使得中心城区点源污染的控制率已达到 85%。中心城区面源污染对水环境污染贡献率已超过点源污染。为此，必须进一步完善和拓展水环境治理思路，确保水环境质量持续稳步提高。根据上海市环境科学研究院《污染控制和水源地保护规划》的研究成果，全市各类面源 COD 合计 35 500t/a，其中城镇地表径流面源污染 COD 为 242 600t/a，中心城区地表径流面源污染 COD 为 86 100t/a（浦西为 63 800t/a，浦东为 22 300t/a）。由于地表径流面源污染短时间高强度集中排放，对地表受纳水体形成高负荷冲击，水质恶化、不稳定，影响水环境治理成果。

(三) 排水标准

上海现行的排水标准一般为一年一遇，重要地区采用 3 年一遇，低于国内外许多大城市水平，导致暴雨期间超出设计排水能力的降雨径流形成溢流，严重污染城市受纳水体水质。不同城市不同重现期暴雨强度对比如表 1-5 所示。

表 1-5 不同城市不同重现期暴雨强度对比表

城市	设计暴雨重现期	暴雨强度（mm/h）				
		1年	2年	3年	5年	10年
上海	一年一遇，重要地区 3 年一遇	36	44.3	49.6	56.3	65.8
北京	3~5 年一遇，重要地区 10 年一遇	36	44.6	50	56	65
广州	1~2 年一遇，重要地区 2~20 年一遇	50	58.7	63	69	78
香港	10 年一遇，重要地区 200 年一遇	—	70.7	—	90.4	103
台北	5 年一遇，重要地区 20 年一遇	—	—	—	79	90
东京	5~10 年一遇	—	—	—	50	60
亚特兰大	2~10 年一遇	—	41	—	53	63
芝加哥	5 年一遇	—	—	—	45.7	—

（四）排江量及水质

上海市年平均降雨约 132 d，年均降雨量约 1 150 mm，全年雨量 70% 左右集中在 4～9 月。汛期降雨特征：历时短、强度大。以苏州河为例，统计出 2007—2009 年苏州河沿岸排水系统初期雨水溢流量达 3 300 万 m^3/a，其中 60% 集中于 7～9 月。

初期雨水污染负荷大，上海市中心城区苏州河沿岸泵站初期雨水中 COD、氨氮主要污染指标平均浓度分别超过 410 mg/L 和 25 mg/L，超过地表水 V 标准 9.3 倍和 11.7 倍，对苏州河尤其是汛期水质造成严重的冲击性污染（见表 1-6）。

表 1-6　上海成都路排水系统初期雨水污染物浓度统计表　单位：mg/L

类别	COD	$NH_4^+ - N$	TP	SS
进调蓄池初期雨水	411.6	25.3	2.86	509.0
溢流污水	267.2	21.2	2.37	295.3
苏州河市区段	23.4	6.3	0.62	—
V 类地表水	40	2.0	0.40	—

二、工程案例及治理策略

（一）国内外研究进展

从 20 世纪 70 年代起，美国、德国、日本等，通过长期规划，在控制方法、排放标准、计算机模拟和监控等方面开展大量研究，制定出一系列的初期雨水指导措施，通过源头分散、中途和末端蓄排以及末端治理等技术以削减初期雨水污染物。

我国的研究起始于 20 世纪 80 年代，21 世纪初引起广泛关注，先后在北京、上海等城市开展了城市集水区、排水系统、屋面、道路等初期雨水污染相关研究。

上海初期雨水污染控制理论研究：《合流制排水系统初期雨水污染控制技术（2003—2005 年）》对初期雨水进行了调蓄处理并配套相应的管理措施，以期大大削减排入苏州河的初期雨水污染负荷。调蓄池工程将有助于减少黄浦江和苏州河水系的水体污染，提高城市防汛能力。溢流调蓄池同样适用于上海存在严重雨污水混接现象的分流制排水系统。初期雨水污染研究揭示了城市非点源污染规律，探索了自然和人工强化径流调蓄系统的关键技术。

（二）国内外工程案例

美国：芝加哥于 1975 年开始建设世界上最大溢流雨水调蓄隧道及水库工程，其由 4 个隧道系统组成，总容量为 16 800 万 m^3。

德国：截至 2002 年，已拥有 38 000 座雨水池，其中溢流截流池 24 000 座，雨水截流池 12 000 座，雨水净化池 2 000 座，总容量达 4 000 万 m^3。

日本：今井川地下调蓄池（调蓄隧道）容量为178 000 m³，池体内径为10.8 m，长度为2 000 m，盾构法施工，沿国道一号线施工，服务面积达7.6 km²。

澳大利亚：悉尼北滩调蓄工程调蓄池容量为18 000 m³，连同北滩就地解决方案，可使当地的雨季溢流频率减少到每十年低于20次。

中国香港：大坑东地下蓄洪池及泵站容量为10万 m³，市区已建成多条雨水截流隧道。

中国上海：苏州河环境综合整治二期工程（以下简称"第二期"）建设了5座调蓄池（总容积70 700 m³）；2010年世博会园区建设了4座调蓄池（总容积19 800 m³）；西区污水输送干线改造工程建设了1座带后续处理功能的调蓄池（容积20 000 m³）。

中国昆明：市区二环内在建18座调蓄池。

（三）治理策略

中心城区已建系统：以工程措施和管理措施两手抓，推广雨水利用和源头控制设施的建设，在提高中心城区的防汛抗洪能力的同时，减少雨天溢流污水对河道造成的污染。

旧城改造地区：雨水系统建设时将同步建设溢流污染控制措施，积极探索采用适合上海本地情况的雨水最佳管理方法。

中心城区新建系统：蓄排结合，提高城市雨水防汛标准的同时，控制治理初期雨水污染。提出低影响开发（Low Impact Development，LID），通过综合性措施从源头上降低开发导致的水文条件的显著变化和雨水径流对生态环境的影响。

区县新建系统：按管道排水与天然沟渠、水塘相结合的方法，建设接近自然状态的排水系统，并注重通过工程性与非工程性措施对雨水污染开展源头控制。

调蓄隧道研究：大力开展隧道调蓄初期雨水研究，对苏州河调蓄管系统、两港调蓄管系统进行研究。

（四）治理措施

控制与治理初期雨水污染理念：利用工程性和非工程性措施截流初期浓度较高的雨水径流，达到良好的环境效益投资比。达到合流制排水系统全年排入水体的污染负荷总量，不得大于相同条件下分流制排水系统排入水体的污染负荷总量的标准。

合流制系统溢流污染控制的任务：对雨水进行截流处理，在保证流入污水处理厂的水量不超过其设计允许流量的同时，使直接排放的雨水对水体造成的冲击性负荷在可接受的范围内。

工程性措施：包括可持续城市排水系统（Sustainable Urban Drainage System，SUDS）、污水截污纳管、排水系统达标改造、调蓄池、下凹式绿地、河漫滩、人工湿地、土地处理系统等。

非工程性措施：包括雨水利用、最佳流域管理措施（Best Management Practices，BMP）、低影响开发、地表清扫、管道疏通等。

其他：包括政策指导、税收调节、财政补贴等手段。

三、工程案例分析

（一）容积设计方法分析

调蓄池采用的容积设计方法有：面积负荷法（德国经验公式法、日本经验公式法、降雨量估算法）、调蓄时间法（截流强度法、降雨强度曲线计算法、冲击负荷法）、统计降雨频率累计法、模型计算法、目标反推法等（见表1-7和表1-8）。

表1-7　上海采用德国经验公式法设计的已建设雨水调蓄池统计表

区域	调蓄池名称	服务面积/hm²	计算容积/m³	工程建设容积/m³
上海苏州河沿岸	成都路调蓄池	306	7 344	7 400
	芙蓉江调蓄池	693	12 281	12 500
	新师大调蓄池	208	3 120	3 500
上海世博园浦东场馆区	后滩调蓄池	87	2 740.5	2 800
	浦明调蓄池	250	7 875	8 000
	南码头调蓄池	103	3 244.5	3 500
上海世博园浦西场馆区	蒙自调蓄池	185	5 411.25	5 500

表1-8　上海采用截流强度法设计的已建设雨水调蓄池统计表

区域	调蓄池名称	服务系统名称	服务面积/hm²	计算容积/m³	工程建设容积/m³
上海苏州河沿岸	梦清园调蓄池	宜昌、叶家宅	296	36 738	25 000
	新昌平调蓄池	康定、昌平	345	14 522	15 000
	江苏路调蓄池	万航、江苏路	377	15 300	10 800

注：①另有管道调蓄容积12 182 m³；②应当因地制宜，根据当地的降雨特征和下垫面特征，并结合已建工程的实际运行效果和地区削减污染负荷的实际需要，采用合适的调蓄池容积设计标准。

（二）冲洗模式分析

调蓄池采用的冲淤清洗方法有：人工清洁、水力发射器冲洗、潜水搅拌器搅拌、水力冲洗翻斗冲洗、连续沟槽冲洗、铲车机械清除、门式自冲洗等模式。

上海已建设的调蓄池采用的冲洗方式有：潜水搅拌器搅拌、水力冲洗翻斗冲洗、连续沟槽冲洗、门式自冲洗等几种方式，其中门式自冲洗装置的冲洗力非常强大，建议在设计条件允许时优先采用。"苏二期"建成雨水调蓄池运行模式统计表如表1-9所示。

表 1-9　"苏二期"建成雨水调蓄池运行模式统计表

序号	调蓄池名称	进水模式	放空模式	冲淤清洗模式	建设情况
1	成都路调蓄池	泵排进水	重力放空+放空泵	潜水泵搅拌+水力冲洗翻斗冲洗	已运行
2	梦清园调蓄池	重力进水	重力放空+放空泵	水力冲洗翻斗冲洗	已运行
3	新昌平调蓄池	重力进水	放空泵	连续沟槽冲洗	已运行
4	江苏路调蓄池	重力进水+泵排进水	重力放空+放空泵	水力冲洗翻斗冲洗	已运行
5	芙蓉江调蓄池	重力进水	放空泵	连续沟槽冲洗	已运行

（三）除臭方式分析

不同除臭工艺原理比较如表 1-10 所示。

表 1-10　不同除臭工艺原理比较

处理方法	处理原理	工艺分析
物理法	物理吸附	需要定期再生或更换
		运行费用较高
化学法	药剂与有机物反应	药剂选用要求极高
		易产生二次污染
离子法	架设管道系统	初期建设费用高
		适合于新建泵站
生物法	生物过滤	占地面积大，管理复杂
		对温度、湿度要求高

四、环境效益分析

新昌平调蓄池运行效果统计如表 1-11 所示。

表 1-11　新昌平调蓄池运行效果统计

统计内容	2009 年汛期	2010 年汛期	2010 年全年
降雨量 /mm	631	760	1 200
降雨使用次数	43	41	68
总调蓄水量 /m³	317 520	331 020	531 180
溢流次数	15	14	20
总溢流水量 /m³	1 169 829	1 128 870	1 303 695
溢流水量削减比例 /%	21.30	22.70	28.90

（一）环境效益之一：初期雨水溢流量削减

以新昌平调蓄池为例，其服务面积为 3.45 km²，有效容积为 15 000 m³，2009 年有效运行 75 次，年削减初期雨水溢流量达 5.434×10^5 m³，初期雨水溢流量削减为 30.6%。

2010 年有效运行 68 次，年削减初期雨水溢流量达 5.3×10^5 m³，初期雨水溢流量削减为28.9%。

（二）环境效益之二：初期雨水溢流污染物削减

2009年，新昌平雨水调蓄池对初期雨水溢流COD、NH_4^+-N和TP（Total Phosphorus，总磷）的年均削减总量分别为264.7 t/a、18.5 t/a和1.59 t/a。COD、NH_4^+-N和TP的年均削减率分别为47.7%、36.6%、和40.2%。

2010年，新昌平雨水调蓄池对初期雨水溢流COD、NH_4^+-N和TP的年均削减总量分别为258.7 t/a、18.1 t/a和1.56 t/a。COD、NH_4^+-N和TP的年均削减率分别为46.6%、35.7%和39.3%。研究显示当调蓄池对溢流COD削减5%时，苏州河市区段COD浓度平均可下降13.8 mg/L。由此推断，调蓄池削减溢流污染物功能的有效发挥，将显著改善暴雨期间苏州河的水质。

蕰藻浜调蓄处理池：容积20 000 m³、后续就地处理池（包含混凝反应和沉淀两个区）设计能力1 m³/s。考虑20%的初期雨水量和近期混接雨水量，通过管道和20 000 m³/s调蓄池调蓄；处理池分为混凝反应和沉淀两个区，规模为1 m³/s，合86 400 m³/d；混凝沉淀处理装置对污水SS、COD、TP和浊度平均去除率分别为82%、69%、71%和79%以上，可大大削减混接雨水的污染负荷，减少对河道的影响。

（三）环境效益之三：提高系统短时截流倍数

根据调蓄池雨水泵启动强度，理论上开启1台雨水泵，成都路排水系统截流倍数增加到5.74倍；若同时开启2台雨水泵，截流倍数可增加到8.32倍。

实际运行中，受降雨强度、降雨持续时间、管道汇流速度、开泵台数、截流时间等因素影响，实际平均截流倍数要低于理论瞬间截流倍数。此外，调蓄池实际平均截流倍数的计算还受统计时长的影响。

以2009年17次运行数据为例，成都路调蓄池进水期间系统截流倍数增加到7.35倍；降雨期间系统截流倍数增加到3.23~4.81倍。

（四）环境效益之四：延时效应明显

根据调蓄池雨水泵启动强度，理论上开启1台雨水泵，成都路排水系统可对5.74倍排水系统截流倍数以下降雨管道出流峰值出现时间延后约20 min，缓解放江时间20 min；若同时开启2台雨水泵，可将8.32倍截流倍数以下降雨管道出流峰值出现时间延后约30 min，缓解放江时间30 min。

五、结语

初期雨水污染控制与治理是一项全方位、多领域的系统工程，上海市在借鉴和吸取国内外大城市的先进理念与经验的基础上，结合上海实际情况，利用雨水调蓄池在初期雨水污染控制与治理方面取得了一定成果。初期雨水调蓄池已被证明具有较好的暴雨溢流量和溢流污染物削减能力，并能提高短期内排水系统的排水标准和延缓暴雨洪峰时间。

第三节　生态型雨水排水系统在上海的应用及发展

一、生态型雨水排水系统概述

（一）背景

随着城市化进程的加快，城市规模不断扩张，高强度人类活动使土地利用方式发生改变，相当比例的软性透水性下垫面被不透水表面覆盖，雨水径流量增加，城市防汛压力越来越重。地表生态环境结构和功能的改变，影响雨水截流、下渗和蒸发等环节，从而导致水的自然循环规律发生变化，加剧了流域洪涝灾害发生的频率和强度。

以上海为例，传统雨水排水系统通过合流制或分流制的雨水收集系统、泵站，将雨水收集后排放。由于合流制排水系统的末端一般都建有污水处理设施，所以系统容量内的雨水经过处理排放。但这种传统雨水排放方式有以下不足：其一，它以尽快汇集、排除地面雨水径流为目标，客观上加速了雨水径流汇流速度，洪水流量过程线变得尖陡，汇流历时缩短，峰值时间提前，城市防汛压力变大；其二，由于雨水快速进入城市下水道，通过土壤等自然地表的下渗量不足，地下水得不到及时补充，容易引发地面沉降；其三，由于道路保洁情况不佳，雨水径流中本身就携带大量污染物，再加上市政管道疏通力度不够，大量沉积物一直存在，合流制污水溢流污染严重。上海通过建设调蓄池等工程措施，削减了部分溢流排江污染，在一定程度上保护了苏州河。然而，超过调蓄能力的合流污水排江造成的污染仍很严重。以成都路排水系统为例，2007年8月测得合流制污水溢流污染水平达396 mg/L，甚至远远高于230 mg/L左右的旱流背景值。

根据《上海市城市总体规划（1999—2020年）》中有关"环境优先、持续发展、绿色文明"的理念，需要预防和控制城市发展对环境可能造成的不良影响。从一个排水工作者的视角来看，上海应该逐步从较单纯的工程排水向生态排水方向发展，不仅在污水处理中要贯彻生态理念，在雨水排水方面也应该提倡生态理念，两者并驾齐驱。

（二）定义

生态型雨水排水系统是指将生态学原理贯穿应用于雨水排水的设计、运行和管理的理论和实践中，综合考虑植物对雨水的截流、土壤滞留、雨水下渗、汇流和蒸发等各个环节，最大程度地保持生态友好性，发挥工程效益。

这一理念在国外已有一定的成熟度，在国内仍没有明确提出，与之较接近的"低环境影响开发"和"可持续排水系统"概念已有一定的知晓度。生态型雨水排水系统更明确地体现了人与自然的和谐，也体现了系统工程的概念。

二、国外典型生态型雨水排水系统案例分析

（一）新加坡案例

新加坡人均水资源拥有量仅为 211 m³，世界排名倒数第二，是个严重缺水的国家。经过多年的实践，新加坡政府成功地采取了适合岛国特色的集水区计划，积累了一整套行之有效的经验和办法。根据新加坡集水规划，国土面积一半是集水区，总库容接近 1 亿 m³。集水区大致可以分成三类：受保护集水区、河道蓄水池以及城市暴雨收集系统。城市暴雨收集中的最大特色是屋面雨水收集，几乎每栋大楼楼顶都设有雨水蓄水池，雨水经管道输送到各个较大的集水点集中储存，这些区域周围建立绿化带，限制周边建筑物密度。新加坡生态型雨水排水系统的最大特色是重视雨水收集，并且有集水规划。据统计，雨水在该国的损失仅有 3%。

（二）美国案例

美国的雨水利用以提高天然入渗能力为目的。1993 年发生特大洪水之后，美国兴建地下隧道蓄水系统，建立屋顶蓄水和由入渗池、井、草地、透水地面组成的地表回灌系统，让雨水迂回滞留于土地中，既利用了雨水，同时也减轻了防洪压力。例如，美国加利福尼亚州富雷斯诺市的渗漏区域（Leaky Areas）地下水回灌系统，1971—1980 年 10 年间的地下水回灌总量为 1.338×10^8 m³，其年回灌量占该市年用水量的 1/5，较大幅度地减少了城市雨水径流量，节约了水资源。美国的关岛、维尔金岛广泛利用雨水进行草地灌溉和冲洗，实现了雨水的多功能综合利用。实践过程中，更多方案强调植物、绿地、水体等自然条件和景观的结合，如设计植被缓冲带、植物浅沟、湿地等，以获得环境、生态、景观等多重效益。

美国并不是缺水国家，其雨水综合利用的主要目标并非直接用于供水，而是利用其广阔的土地资源，增加雨水的下渗，减少径流，并辅以灌溉、冲洗等。

（三）日本案例

以"多功能调蓄"作为雨水排水的设计核心思想于 20 世纪 70 年代开始在日本推行。经过几十年的实践，日本境内建造了很多多功能调蓄池，如表 1-12 所示。这些调蓄池容积都比较大，设计时多与原有地形、地貌和植被相结合。

表 1-12　日本城市雨洪多功能调蓄设施应用实例

地点	储存量 /m³	调蓄池面积 /m²	水深 /m	构造形式
琦玉县	700 000	316 000	2.9	河川洪水溢流堤
琦玉县川越市	45 590	25 900	4.4	挖掘式
千叶县佐仓市	30 745	9 060	5.0	挖掘式
神奈川县横滨市	6 045	10 210	0.6	挖掘式
东京新宿区	30 000	10 000	3.5	河川洪水溢流堤、挖掘式
千叶县船桥市	170 000	66 000	4.4	河川洪水溢流堤
青森县青森市	590 000	263 200	4.0	河川洪水溢流堤

多功能调蓄设施可用于学校、游戏广场、运动场所、商业中心等；在丰水期，各池都用作雨水调蓄，调蓄容量非常巨大。其雨水排水不仅与景观休闲等其他功能相结合，实现效益最大化，而且最大特色在于"广蓄"，通过广泛的调蓄使雨水暂时储存，暴雨后缓慢补充下渗，减少径流，减轻防汛压力。

三、上海市生态型雨水排水系统发展方向分析

（一）跨学科合作，统一管理

生态型雨水排水系统的构建和管理涉及多学科的合作和交融。这个跨学科的平台至少包含了排水、防洪、水文、园林、土壤、道路、交通等多学科和领域。立足雨水排水这个主要目标，各学科基于自身特点进行局部方案设计，最终形成一个多目标、多功效，1+1>2 的系统。

由于这样一个较为复杂的系统涉及多个行政部门，所以对其管理要明晰。在德国，水资源实施统一的管理，即由水务局统一管理与水事有关的全部事物，包括雨水、地表水、地下水、供水和污水处理等水循环的各个环节，并以市场经济的模式运作，接受社会监督，这种管理模式的优势显而易见。在上海，从水务局和海洋局的整合来看，水管理也在逐步做大，必然会汲取国际上有利的运作模式，形成"大一统"的管理。在"大一统"的水管理模式下，可进行专业化管理的委托，如景观部分、防洪部分、保洁部分等。

在管理中，要借鉴和学习美国 BMP 公司的做法，即通过工程和非工程措施相结合获得最佳的雨水控制和处理管理方案。美国非工程措施的范畴非常宽泛，其中关于材料使用的限制、公众教育等内容在上海的雨水排水管理中涉及甚少，有些甚至是缺失的。要使工程发挥效益，长期、有效的制度化管理必不可少，这也是后世博时代城市管理的重点。因此，上海对生态型雨水排水的管理特别要强化非工程措施的落实和常态管理。

（二）依托科研示范，制定标准

生态型雨水排水系统的实践要充分依托科研，通过研究和示范工程建设，积累足够的因地制宜的经验。目前，国外在工程技术层面使用较多的单元有雨水花园、干塘、湿塘、地表排水植草沟、绿色街道、生态护坡、屋顶绿化、可渗透路面等。我们可分步分阶段地对这些单元模块进行引进、消化和吸收，对其关键技术进行研究和本土化，积累经验和数据，选点进行工程示范。

2010 年上海世博园是生态型雨水排水的重要示范工程。园区内许多场馆均实现了较大面积的生态排水。减少径流和注重利用是世博园雨水排水的最大特色。在减少径流方面，世博园建设中采用了下凹式绿地、渗透型路面、多功能水绿复合生态系统等技术，增强了园区雨水的下渗，增加了水面率；雨水利用则包括冲厕、绿化浇灌、道路冲洗、场馆清洗、景观用水或直接饮用等。表 1-13 给出了世

博园部分生态排水案例。

表 1-13　上海世博园部分生态排水案例

场馆	雨水利用概况
中国馆、世博中心、文化中心	收集屋面雨水用于绿化和道路冲洗
世博轴	收集6个"喇叭口"的雨水汇入地下蓄水池，经处理后用于冲厕、道路冲洗、场馆清洗和绿化浇灌等
上海企业联合馆	收集、沉淀、过滤和储存后用于场馆内日常用水
德国馆	雨水经排水管道进入河道下的蓄水池，雨后将污水排入污水厂处理
挪威馆	屋面雨水经收集和净化后，直接饮用
新加坡馆	全部收集储存雨水，经自来水厂处理后用于居民饮用
美国馆	收集屋面雨水用于绿化浇灌、冲厕等
鹿特丹案例馆	利用不同水池构建水广场用于储存、调蓄雨水
伦敦案例馆	收集屋面雨水用于绿化浇灌、冲厕等
万科案例馆	收集屋面雨水用于景观用水

上海在大型公共设施中也开展了生态型雨水排水的实践。虹桥枢纽崧泽高架路（SN1～SN3路）排水工程中，采用雨水浅层蓄渗技术，在600 m高架道路下的景观带内设置有效容积为1 290 m^{3}的蓄渗装置，可对13 200 m^{2}高架道路全年80%的雨水径流进行就地蓄渗处理，实现雨水资源化、处理就地化、系统生态化、成本最小化，该工程已投入使用。虹桥机场扩建工程建立了雨水回用系统，将机场2号航站楼和新建机场跑道上收集的雨水经过混凝、沉淀、过滤处理后作为绿化浇灌、道路浇洒、能源中心冷却水和航站楼冲厕用水，设计雨水回用量基本能满足自身用水需求。

随着一系列示范工程的建成，我们要加强监测和后评估工作。经过若干年的数据跟踪和经验积累，适时总结研究成果，编制生态型雨水排水设计规范，为大规模的工程建设和推进奠定扎实的基础。

（三）重法律约束，确立保障

法律是各项工作能顺利开展的重要保证。发达国家雨水管理以法律为依托是其能取得成绩的主要经验之一。德国以联邦水法、建设法规和地区法规等法律条文形式，对雨水综合管理做了相应的规定，目前推行的"径流量零增长"，要求无论是新建或者改建开发区，还是工业、商业、居民小区，开发后的径流量不得高于开发前，迫使开发商必须采用雨水综合管理措施，从而减轻雨水径流对污水处理厂的压力，节省污水处理厂建设运营费用，改善生态环境。美国对所有新开发区强制实行"就地滞洪蓄水"。也就是说，改建或新建开发区的雨水下泄量，即暴雨洪水洪峰流量不能超过开发前的水平。各州如科罗拉多州、佛罗里达州、宾夕法尼亚州等相继制定了雨水利用条例，以法律形式保证雨水的资源化利用。

在上海，当技术和标准的难关攻克之后，法律法规的健全和保障将十分重要。

《上海市排水管理条例》早在1997年就开始施行，2006年6月进行了第三次修订，在后续修订中，也必须秉承生态型雨水排水理念，本着"旧事旧办、新事新办"的方针，对新建和改建项目的雨水径流量变化做明确的规定，使开发商承担相应的社会责任和环境保护责任。而且，相关法律约定应不限于此条例，在园林、防洪、地下空间管理等方方面面的工作中都应该渗透生态型雨水排水的有关规定。

（四）定特色目标，规划先行

在生态型雨水排水系统的管理中，规划管理非常重要。2002年8月完成修订的《上海市城市雨水系统专业规划修编（2020年）》提出了"布局合理、蓄排结合、高效安全、水清景美"的规划指导思想，并在规划方针中提出"两利用、一推广"，即充分利用城市公共绿地、室外大型停车场等作为临时调蓄池，科学、合理地利用雨水资源，积极推广渗透性强的材料作为人行道、停车场的表面层，以减少降雨径流。这些内容都是针对城市发展要求对1999年版规划的修订，体现了生态排水的理念。

通过与德国雨水资源利用管理中"径流零增长"理念进行对比，我们发现德国对雨水管理的目标非常明确，即对于新建和改建地区，径流量在开发前后必须不改变，实现零增长。那么，上海的目标到底是什么呢？笔者认为下一步的规划修编工作可以更细致，提出具体的径流控制目标。目标可以分层考虑，以市区为一个层次，各郊县为另一个层次，市区可按照内、中、外环分更细小的亚层。市区可借鉴日本的做法，形成多功能调蓄模式，各郊县可效仿美国，以补充涵养地下水为主。德国通过多年的实践和经验积累才提出"径流零增长"，上海在起步阶段应该首先分片摸清本底径流系数，制定切实可行的径流控制目标。经过一段时间的实践后，综合考虑人口、经济、气候等因素变化，并定位于各层和亚层，提出更为细致的分层控制目标。这样，新建和改建项目可根据所处的不同层次对应相应的径流控制目标。而技术手段和方案则可以通过采购方式解决。

（五）借经济手段，有效调控

德国规定，若用户实施了雨水资源利用技术，国家将不再对用户征收雨水排放费。德国多年年均降水量为800 mm，雨量较为充沛，由于雨水排放费与污水排放费一样高，通常为自来水费的1.3倍左右，为节省一笔可观的费用，更多的用户选择实施雨水资源利用措施。雨水费用的征收有力地促进了雨水资源处置和利用方式的转变，对雨水资源综合利用理念的贯彻有重要意义，也是德国雨水资源利用管理成功的关键因素之一。

在上海，生态型雨水排水系统建设可能增加开发商的一次性投资费用，政府可采取税收减免等方式对开发商予以补偿。以房地产开发为例，目前，上海每个户头排水量的计算以自来水量的90%计。而生态开发区域径流量大大减少，经过认证单位的核定后，该比例会从90%降低到某个低值，入住此类房屋的业主，排水费用支出可大大减少，居民得到实惠后会传播这种理念，使更多的人向往这种有水、有绿、低排水费的居住环境，开发商的积极性就会进一步提升，生态效应也会不断放大。

四、结语

上海要实现生态型城市的目标，实践生态型雨水排水是一个非常重要的工作和途径。这方面的工作在国外已有一定的成熟度，如美国、德国、日本等，这些国家都有一些值得借鉴的经验和做法。在上海，我们还处于起步阶段，要经过不断深入的科研探索和工程示范，积累经验，形成标准。通过规划先行、制度保障、多方合作、统一管理和经济调控，加快生态排水的建设进程，减轻排水管网和河道的防汛压力，美化城市环境，不断满足社会公众对优化人居环境、共享美好生活的迫切需求。

第四节 上海市苏州河沿岸排水系统雨洪控制研究

在20世纪70年代之前，快速、高效的工程排水是国际城市雨洪控制的首选，之后国际城市雨洪控制多倾向于"生态排水"。欧美和日本等地区和国家通过法律、经济、技术和管理等层面，从水量和水质管理两个角度利用工程和非工程措施实行"生态排水"，促使城市雨水更好地进入自然水循环过程。上海是国内最早建设现代意义雨水排水设施的城市之一，至2009年年底全市已建排水系统250个，总雨水泵排能力约 1 897.14 m^3/s，中心城区建成排水系统227个，雨水泵排能力为885.32 m^3/s。虽然上海市的雨洪控制与管理在国内处于较领先地位，但与发达国家相比尚存在差距。受历史原因影响，中心城区尤其是苏州河沿岸多为合流制排水系统，设计暴雨重现期较国内外许多城市偏低，一般地区暴雨设计重现期为一年一遇，重点区域为3~5年一遇，采用强排水模式。由于气候变化、快速城市化、人口增长等，暴雨期间上海市苏州河沿岸排水系统承受了巨大的控制雨洪水量的压力。同时，上海中心城区超过85%的点源被截留后，苏州河水体水质改善难度逐渐加大，究其原因，主要是超过排水系统截留能力的雨洪中携带了大量来自城市地表、城市污水以及排水系统管道沉积的污染物质。

"苏二期"中，为削减排水系统暴雨溢流，改善苏州河沿岸地区雨洪压力，规划、建设了5座大型雨水调蓄池。目前，5座调蓄池中的4座已得到较好利用，笔者通过对调蓄池所服务排水系统的降雨量、泵站截流量、调蓄池调蓄量、雨洪溢流水量、全过程雨洪出流水质数据的监测与分析，探究了雨水调蓄池对控制排水系统雨洪的效益，以期为更好地改善高度城市化区域雨洪产生的水量与水质问题提供借鉴。

一、研究区域与方法

（一）研究区域概况

近百年来上海平均年降雨量约 1 150 mm，近 30 年上海中心城区的平均年降雨量为 1 200 mm，其中约 70% 集中在汛期（4～9 月）。近年来苏州河两岸排水系统年均雨洪溢流量约为 $2.8 \times 10^7 \text{ m}^3$，近 60% 的溢流集中于 7～9 月，季节性排放特征显著，且污染负荷大。在借鉴国外经验基础上，基于"合流制排水系统初期雨水污染控制技术"（2003 年上海市科学技术委员会重大科研项目）和"中心城区和新城市化地区面源污染控制关键技术与示范工程"（2004 年上海市科学技术委员会重点科研项目）的研究成果，上海率先在国内于苏二期中利用雨水调蓄池控制排水系统雨洪水量危害和水质污染，在苏州河南岸建设了成都路、新昌平、梦清园、江苏路和芙蓉江 5 座雨水调蓄池，总容积为 70 700 m³，服务面积达 20.07 km²（见表 1-14）。

表1-14　上海市苏二期所建5座雨水调蓄池概况

调蓄池名称	所属排水系统	服务面积/km²	有效容积/m³	投运时间/年	试运行时间/年
成都路	成都路	3.06	7 400	2007	2006
新昌平	新昌平	3.45	15 000	2009	2008
梦清园	宜昌、叶家宅	2.96	25 000	2011	2010
江苏路	万杭、江苏路	3.77	10 800	2011	2010
芙蓉江	芙蓉江	6.83	12 500	—	2010

（二）研究方法

1. 数据来源

2011 年汛期对 5 座雨水调蓄池所服务排水系统进行了 10 余次降雨量、管道出流量和出流水质变化过程的监测。水样采集点位于排水系统泵站集水井，人工与自动化采样相结合，平均采样间隔为 5 min。水样采集后保存于 1 L 的棕色玻璃瓶中，未及时分析的水样放入 4 ℃的冰柜中保存。水质分析指标包括 COD、TP 和 SS 等 10 项，采用标准方法分析。

排水系统降雨与管道出流量数据由泵站自动化采集系统获得，采集间隔为 5 min，系统自动记录泵站各水泵的启、闭时间，并根据各台水泵的铭牌流量和运行时间计算出流量。

2. 一维水质模拟参数设置

利用 SOBEK-Rural 一维河流水质模型模拟了 5 座调蓄池联动运行对苏州河水质的改善效应。参照 2003 年苏州河有关研究调查数据以及现场踏勘数据，苏州河市区段自芙蓉江调蓄池到河口约 14.7 km 河道的相关参数设置如下：①主干河道最大水面宽度取 50 m，平均水深取 3.0 m，河道平均曼宁系数取 0.03，平均流速取

0.50 m/s、0.30 m/s 和 0.10 m/s 三种情况，依据近年来上海市环境监测中心数据，苏州河市区段 COD 浓度取 18.6 mg/L。②溢流 COD 浓度过程线取实测数据，调蓄池调蓄的雨洪 COD 次降雨径流平均浓度（Event Mean Concentration，EMC）为 492 mg/L，5 座调蓄池削减雨洪溢流水量数据依据设计容积而定，模拟雨洪溢流调蓄时间定为 60 min。③依据上海大学和上海市环境科学研究院实测与水槽模拟数据，在不考虑潮流影响的条件下，苏州河单向流动时的 COD 纵向离散系数取值为 0.20 m^2/s。

二、结果与讨论

（一）降雨量

据自动化雨量计的数据，2011 年成都路、新昌平、梦清园、江苏路、芙蓉江 5 座调蓄池服务泵站的降雨量分别为 927.3 mm、1 115.7 mm、1 007.7 mm、1 004.6 mm、923.7 mm，平均降雨量为 995.8 mm，相当于上海多年平均降雨量的 86.6%。

（二）提高排水系统短时截流倍数的效果

在 5 座调蓄池中，成都路和梦清园雨水调蓄池采用泵排进水模式，新昌平和芙蓉江雨水调蓄池采用重力自流进水模式，江苏路雨水调蓄池采用泵排和重力自流相结合的进水模式。泵排进水以装机容量最大的梦清园调蓄池，重力进水以进水能力最大的新昌平调蓄池为例，理论上开启 1 台雨水泵（单台流量为 3.30 m^3/s），梦清园调蓄池所服务排水系统 3 h 内的瞬时截流倍数可增加到 5.8 倍；若同时开启 2 台雨水泵，1.5 h 内的瞬时截流倍数可增加至 11.6 倍。新昌平调蓄池在小雨、中雨、大雨和暴雨条件下，可使系统瞬时截流倍数分别增加到 5.6、9.7、12.0 和 14.8 倍。在实际运行中，受降雨强度、雨洪持续时间、管道汇流速度、开泵台数等因素的影响，所服务排水系统实际平均截流倍数低于理论瞬时截流倍数。此外，实际平均截流倍数还受统计时长的影响。2011 年运行数据的统计分析显示，理论截流倍数效应最大的新昌平调蓄池，在小雨、中雨、大雨和暴雨条件下，系统平均短时截流倍数可分别增加到 2.2、2.6、5.7 和 6.8 倍。

（三）延时管道峰值出流的效果

城市化进程导致的土地利用结构与格局变化不仅影响了流域径流系数，还大大提高了雨水汇流速度。同时，城市排水系统的完善，如设置道路边沟、密布雨水管网和排洪沟等，也增加了汇流水力效率，使管道出流洪峰提前。同样分别以梦清园和新昌平调蓄池为例，根据梦清园雨水调蓄池雨水泵启动强度，理论上开启 1 台雨水泵可使 5.8 倍排水系统截流倍数以下的雨洪峰值出现时间延后约 3 h，即缓解雨洪溢流时间约 3 h；若同时开启 2 台雨水泵，可将 11.6 倍截流倍数以下的雨洪峰值（8.1 m^3/s）出现时间延后约 1.5 h，即缓解雨洪溢流时间约 1.5 h。依据新昌平雨水调蓄池 15 000 m^3 的有效容积，以及在小雨、中雨、大雨和暴雨条件下的平均进水强度,在充分蓄满条件下,理论上新昌平调蓄池可将上述4类降雨条件下的溢流时间分别推迟约57 min、49 min、22 min和18 min。在实际运行过程中,新昌平系统防汛泵开启时间的统计显示,在小雨条件下,使用调蓄池后可不开启防汛泵,在中雨、大雨和暴雨条件下,防汛泵分别可晚开启约30 min、20 min和10 min,略小于理论值。这也表明,在高降雨强度下,尤其是短历时、集中降雨情况下,新昌平调蓄池使用过程中存在调蓄池尚未蓄满即发生雨洪溢流的现象。值得注意的是,雨水调蓄池增加排水系统截流倍数、延迟雨洪出流峰值的效应,与森林系统减少洪水量、削弱洪峰流量、推迟和延长洪水汇集时间的功能相似,但这种削减、延时作用并不是无限的,而要受调蓄池容积、排水系统服务面积、旱流污水量、降雨强度和历时等诸多因素的影响。

（四）削减排水系统雨洪溢流污染的效果

依据2011年对5座雨水调蓄池汛期降雨全过程水质的多次连续跟踪监测数据,以及2006—2010年的调蓄池基础水质监测数据,进调蓄池的初期雨洪中COD平均浓度高达492 mg/L,经调蓄池调蓄后的溢流雨洪中COD平均浓度为238 mg/L,均远远超过苏州河武宁路监测断面18.6 mg/L的平均浓度。表1-15为成都路、新昌平、梦清园和江苏路调蓄池在2011年汛期及全年的使用情况。

表1-15　2011年正常运行调蓄池的使用状况

项目	汛期（6~9月）				全年			
	成都路	新昌平	梦清园	江苏路	成都路	新昌平	梦清园	江苏路
降雨量 /mm	677.2	800.0	712.5	744.2	927.3	1 115.7	1 007.7	1 004.6
降雨使用次数	9	53	9	25	10	72	11	30
总调蓄水量 /m³	42 331	1 395 000	271 230	221 400	50 920	2 059 500	327 840	283 281
溢流次数	13	17	3	8	15	21	3	9
总溢流水量 /m³	811 048	1 065 933	88 290	509 076	890 804	1 178 820	88 290	543 204
雨洪水量削减比例 /%	5.0	56.7	75.4	30.3	5.4	63.6	78.8	34.3
溢流COD削减比例 %	7.5	73.6	90.8	42.7	8.1	78.8	92.3	47.2
未使用次数	11	0	0	0	11	0	0	0

调蓄池具有良好的削减排水系统雨洪溢流水量和溢流污染物的效益,且减排效应随其容积建设标准的增大而提高,在容积建造标准（每公顷面积需调蓄的雨水量）介于20~105 m³/hm²的条件下,对雨洪溢流水量的削减率介于5.4%~78.8%,对溢流COD的削减率介于8.1%~92.3%。2011年4座正常运行的调蓄池共削减雨洪溢流水量约2.72×10⁶ m³,削减率为502%。值得注意的是,随着2009年强化运行管理、2010年世博期间优化运行以来,2011年4座调蓄池对雨洪溢流COD的减排总量为1 369.8 t,总削减率为63.1%,大大超过2010年的255.2 t,以及2008年和2009年135 t与202 t的水平。2011年全年削减的COD

中，成都路、新昌平、梦清园和江苏路调蓄池所占比例分别为1.5%、73.2%、16.3%和9.0%，这主要受调蓄池容积、使用频次、进水模式、放空模式等因素的影响。

（五）对受纳水体水环境质量的改善

利用SOBEK-Rural一维河流水质模型模拟5座调蓄池联动运行对苏州河水质的改善效应。结果表明，断面COD平均通量浓度随着水动力条件的增强而下降，在断面平均流速为0.50 m/s、0.30 m/s和0.10 m/s的条件下，5座调蓄池的共同作用可使苏州河河口断面全过程COD通量浓度分别下降13.2 mg/L、13.8 mg/L和14.4 mg/L。这主要由于在调蓄池未使用情况下，较弱的水动力条件不利于雨洪溢流污染物的迁移、扩散和降解，当雨洪溢流事件发生后，河道水质相应恶化，恶化程度随着动力条件的下降而加剧。因而当使用调蓄池后，较弱水动力条件下对河道水质的改善程度要优于较强水动力条件下。模拟结果与上海市水务规划设计研究院前期研究得到的在调蓄池去除5%雨洪溢流COD时，苏州河市区段COD平均通量浓度可下降13.8 mg/L的结论相一致。

三、结论

在"苏二期"中建设的5座大型雨水调蓄池自2006年陆续运行以来，发挥了良好的缓解排水系统雨洪水量的压力和对苏州河的水环境污染的效应。

调蓄池对排水系统雨洪的瞬时截流倍数增加到的范围为5.6～14.8倍，对雨洪短时平均截流倍数增加到的范围为2.2～6.8倍。

调蓄池最大可延迟8.1 m³/s流量以下的雨洪溢流时间约1.5 h。

在容积建造标准在20～105 m³/hm²的条件下，调蓄池对雨洪溢流水量的削减率在5.4%～78.8%，对雨洪溢流COD的削减率在8.1%～92.3%，且调蓄池对雨洪污染减排的效应随着容积建设标准的增大而提高。

对雨洪期间苏州河COD浓度的改善作用随着调蓄池容积建造标准的提高而增强，而随着水动力的增强而降低。5座调蓄池联动使用时，在断面平均流速为0.50 m/s、0.30 m/s和0.10 m/s条件下，苏州河河口断面全过程COD通量浓度分别可下降13.2 mg/L、13.8 mg/L和14.4 mg/L。

第五节 上海中心城区市政排水系统雨水排水的管理与实践

传统的城市雨水排水倾向于快速、高效的工程排水，利用扩大雨水管道和城市河道横断面、减少糙率或开发分洪渠道等工程性措施快速地将雨水从城市范围排除。从20世纪70年代起，国际城市雨水排水理念发生转变，雨水蓄渗、缓排、利用等已成为雨水排水管理的重要内容，欧美国家通过法律、经济、技术等多种手段，从水量和水质管理两个角度利用工程和非工程措施实行"生态排水"，促使雨水更好地进入自然水循环过程，具备了促进雨水资源化利用、减轻城市洪涝灾害、降低城市污水处理负荷、改善城市水环境质量和维护城市水循环生态平衡等效应。上海是国内最早建设现代意义雨水排水设施的城市之一，虽然其市政排水系统的雨水排水管理在国内处于较领先的地位，但与发达国家相比尚存在差距。为此，本书梳理了上海市中心城区市政排水系统雨水排水管理与实践现状，以期为我国城市雨水排水管理发展提供参考。

一、市政排水系统雨水排水存在的问题

改革开放后，上海排水事业进入快速发展时期，至 2009 年底，全市已建排水系统 250 个，排水管道达 10 588 km，建成各类泵站 765 座，总泵排水能力为 3 537.87 m³/s，雨水泵排能力为 1 897.14 m³/s，其中中心城区建成排水系统 227 个，公共排水管道 7 164 km，雨水泵排能力达 885.32 m³/s。

（一）采用强排水模式

上海年降水总量平均为 1 200.3 mm，降雨年内分配不均，全年 70% 左右的雨量集中在 4～9 月的汛期。受经济发展、城市扩张、人口增加等人类活动影响，中心城区具有良好的调蓄、下渗雨水径流效应的水域及耕地面积比例显著下降，致使城市调蓄、下渗等自然生态排水能力逐渐减小，取而代之的是工程性的强排水方式。目前上海中心城区市政排水系统采用"围起来，打出去"的雨水排放方针，多采用强排水模式，该模式由小区排水管网→泵站→片内河网加外围闸或泵组成，或由排水管网→泵站→片外河网组成。

（二）雨水排放标准偏低

当前上海中心城区市政排水系统采用的排水标准是一般地区为一年一遇，重要地区为 3～5 年一遇，排水标准偏低。虽然近年来城市雨水排水能力有了长足增长，但中心城区汛期直排河道的防汛排水量仍然达到约 $2.0×10^8$ m³/a，严重影响了汛期中心城区的排水安全和水环境安全。在遇到超设计规模降雨时，城市道路依然存在积水现象。由于中心城区有限的地下已很难再提供空间进行排水管网扩容，如何加快道路积水的退水速度是目前上海市政排水系统雨水排水面临的重要问题之一。

（三）雨水排水污染严重

监测数据显示，上海中心城区成都路和江苏路合流制排水系统初期雨水中 COD 和 NH_4^+-N 的平均浓度范围分别为 343.4～452.9 mg/L 和 17.6～23.3 mg/L，远远超过地表水Ⅴ类水质标准，达到国外其他城市排水系统合流污水平均水平。近年来，苏州河沿岸排水系统暴雨溢流量达到 $3.3×10^7$ m³/a，汛期巨量的暴雨溢流对

苏州河水质造成了严重的冲击性污染，这也是苏州河市区段目前重要的污染来源，是造成苏州河水环境污染、生态系统健康失衡的重要原因。

（四）排水管道维护水平偏低

上海已建的市政排水管道中接近和超过耐用年限（一般为30～40年）的有1 200 km，占已建排水管道的12%。由于管道存在结构性和功能性病变，部分地区的地下水入渗量已经达到平均污水量的30%～40%，远超过10%的设计值，使得管道实际输送能力大大下降，影响了雨水排水能力，危及防汛安全。与国内外其他城市不同的是，上海城市排水管道坡度较平缓，管内流速较慢，沉积物较多，管道若不及时清理，容易导致排水不畅和降低排水管道的输送功能，同时沉积在管道内的淤泥雨天又会随雨水进入河道造成对水体的污染。目前，上海应用较多的量泥斗检查、地面塌陷判断、井下通光检查、污泥成分判断、潜水员检查和空洞检查等传统方法，已不能满足市政排水管网快速发展的要求。同时，养护技术手段以人工为主、机械化设备使用率低、养护经费不足等是目前制约上海市政排水管道养护疏通率和养护效率的主要影响因素。

二、市政排水系统雨水排水管理

《上海市排水管理条例》是目前上海雨水排水的主要管理依据。该条例的实施目的在于加强上海市的排水管理，确保排水设施完好和正常运行，防治洪涝灾害，改善水环境，保障人民生命财产安全，促进经济和社会发展。条例中所称排水是指对产业废水、生活污水和大气降水的接纳、输送、处理、排放的行为，排水实行排水许可和排水设施使用收费制度。其中，排水许可证制度是依据《国务院对确需保留的行政审批项目设定行政许可的决定》《上海市排水管理条例》和《上海市合流污水治理设施管理办法》实施的。对雨水排水的审批要求包括：排水（雨水、污水）竣工图、排水专用监测井竣工验收单、试排水检测水质化验报告（连续），并依据申请项目的日排水量差异（是否超过 500 m^3）规定了不同的审批程序，但水质化验报告不包括雨水水质，日排水量不包括雨水量。排水设施使用收费制度依据《上海市排水设施使用费征收管理办法》执行，目的在于加快本市合流污水的治理，确保排水设施建设和运行维护的资金来源，排水费按排水量计算征收，排水量的计算主要依据其用水量确定，尚未对雨水排放量做出规定。

与发达国家已建立的成熟管理体系相比，除法律法规层面外，上海雨水排水管理在技术、经济和管理等诸多层面还存在不小的差距，尚需在借鉴国内外先进技术的基础上，从雨水排水管理的内容、形式、广度、深度等更大范围内构建适合于上海城市特色的雨水排水综合管理体系，从而实现以改善城市地表受纳水体水质和保障城市水安全为目标的市政排水系统雨水排水管理。

三、市政排水系统雨水排水实践

（一）完善市政排水系统

截至2009年年底，上海中心城区已建成227个排水系统。2009年中心城区的重大排水系统工程见表1-16。

表1-16 2009年上海中心城区重大排水系统工程概况

项目	工程主要内容	设计泵站排水规模
大光复西排水系统	新建合流泵站1座	雨水设计规模为15.02 m^3/s、污水截流量为1.64×10^4 m^3/d
华泾北地区排水系统	新建雨水泵站1座	雨水设计规模为6.83 m^3/s、污水截流量为185 m^3/d
苗圃西排水系统	建设苗圃西雨水泵站	雨水设计规模为8.64 m^3/s，泵站远期设置初期雨水调蓄池，容积为2 500 m^3
民星北排水系统	新建民星北雨水泵站1座	敷设直径为2 200～2 700 mm的闸殷路雨水进水总管，长度为351 m
蒲汇塘地区排水系统	改造新建合流泵站1座	雨水配泵流量为16.98 m^3/s，污水配泵流量为1.56 m^3/s
普善地区低标排水系统	准改造新建大洋桥合流泵站1座	雨水设计规模为9.20 m^3/s，污水截流量为1.37 m^3/s
万航低标排水系统改造	新建万航泵站1座	与江苏路调蓄池合建，雨水设计规模为12.61 m^3/s、污水截流量为0.972 m^3/s
文庙排水系统	新建文庙泵站	雨水设计规模为6.0 m^3/s，污水设计流量为0.93×10^4 m^3/d，初期雨水截流量为0.16 m^3/s
新师大低标排水系统	改造新建新师大合流泵站，新建容积为3 500 m^3的初期雨水调蓄池1座	雨水泵站设计规模为8.55 m^3/s，污水截流泵站设计规模为1.12 m^3/s
新延安东排水系统	新建新延安东排水泵站	总设计规模为13.2 m^3/s
北新泾排水系统完善	完善剑河路雨水泵站	增设3台混流泵，单泵流量为3.575 m^3/s
大定海低标排水系统改造	新建合流泵站1座，新建容积为9 200 m^3的初期雨水调蓄池1座	雨水泵站设计规模为21.88 m^3/s，污水截流泵站设计规模为1.72 m^3/s
吴中排水系统	东起轨道交通明珠线，西至桂林路以西100 m，南起蒲汇塘，北至徐虹铁路支线	—

通过上述重大工程的建设，顺利完成"十一五"期间新建、升级改建67个排水系统，基本消除中心城的建成区排水设施空白点，完成低标排水系统改造和新增雨水泵排能力为500 m^3/s等市政排水系统完善工程。此外，近年来上海已经投入超过6亿元改造市政排水管网，完成超过50余条道路的积水改造，累计改造排水管网达60 km，到2009年年底已经有70%左右的积水改善工程在汛期中发挥作

用。目前，中心城区排水设施空白点已基本消除，中到大雨情况下的道路积水问题基本得到根治。

（二）削减市政排水系统暴雨溢流污染

在2010年上海世博会排水系统建设中，建造了4个独立的分流制排水系统，整体采用3年一遇设计标准，适当放大下游部分雨水总管，并建设了后滩、浦明、南码头和蒙自4座调蓄池，在确保世博园区排水、防汛安全的基础上，降低合流污水对黄浦江水质的污染。以苏州河沿岸的新昌平雨水调蓄池为例，2009年共有效运行75次，年削减暴雨溢流量$5.43\times10^5 m^3$，年溢流量削减率为30.6%。对COD、NH_4^+-N和TP类典型初期雨水溢流污染物的年削减率分别为47.7%、36.6%和40.2%。研究显示，当暴雨溢流进入苏州河的COD被削减5%时，苏州河市区段的COD浓度平均可下降13.8 mg/L。据此可推断，雨水调蓄池的运行对改善苏州河尤其是暴雨期间的水环境质量发挥着重要的作用。

（三）改善排水管道维护

1. 排水管道检测

从2008年5月起，上海市排水管理处利用上海市排水行业数据库及其管理信息系统中的排水管道养护维修抽查路段查询功能随机抽取检测路段，委托第三方中介机构利用声纳和窥无忧等管道检测手段在全市范围内开展了排水管道养护情况抽检，并配套出台了《排水管道电视声纳抽查办法（试行）》和《上海市排水管道养护管理工作考核评分办法（试行）》，明确了市区两级监管职责，加强了对全市排水管道养护工作的监管，促进了全市排水管道的养护工作。

2009年1~10月数据显示，全市19个区（县），结合全市排水管道养护大会战的开展，共抽查了排水管道主管1 720条、连管6 691条，主管平均合格率为77.6%，较2008年提高了10.6个百分点，连管平均合格率为78.3%，较2008年提高了8.6个百分点。为更好地检测排水管道存在的缺陷，上海市水务部门结合国外先进技术，在2009年颁布了地方标准《上海市公共排水管道电视和声纳检测评估技术规程》，这是国内第一部排水管道电视声纳检测技术规程，详细规范了如下内容：①管道检测分类、检测周期、检测程序、前期资料收集、现场检测等；②电视检查及声纳检查的一般规定、检测设备技术要求、检测方法、数据判读等；③管道病害的定义、等级、权重，规定了损坏率及修复指数的计算方法等。该规程为上海市政公共排水管道的现代化、规范化检测提供了依据。

2. 排水管道非开挖修复

1995年前上海只有钢套环、接口嵌补两种局部修理方法，近年来，随着技术的引进和研究的深入，采用非开挖技术进行排水管道预防性修理的比例逐年提高，已有多种方法得到应用（见表1-17），逐渐缩小了与发达国家的差距。尽管采用某些非开挖技术修复管道费用高于开挖修理，但这种费用的计算仅是就工程本身而言的，如果考虑社会的间接成本，非开挖修理的总成本则低于开挖修理。

表 1-17　上海目前已采用的排水管道非开挖修理方法

项目	详细分类		
点状修理	嵌补法	石棉水泥嵌补；环氧焦油砂浆、聚硫密封胶、聚氨酯等化学填料嵌补	
	注浆法	土体水泥注浆、土体化学注浆、接口注浆	
	套环法	钢套环、PVC套环、橡胶圈双胀环聚氨酯/钢管套环、不锈钢发泡筒	
	局部树脂固化法	人工玻璃钢接口；毡筒气囊局部成型	
整体修理	涂层法	涂层内衬	玻璃钢涂层、JCTA涂层
	衬管法	翻转法（现场固化法）	热水固化、蒸汽固化、喷淋固化
		整体牵引法	滑衬法、U形内衬、挤压牵引、灌浆内衬、破管法
		螺旋管内衬法	膨胀螺旋管、钢带螺旋管、前置螺旋管
		短管、管片内衬法	短管推进、短管后接、管片内衬

3. 排水管道养护

上海水务管理部门提出的"安全、资源、环境"三位一体协调发展的思想，明确了排水管道养护的主要任务是保证管通水畅，确保防汛排水安全，同时也要尽可能减少管道内的污泥累积，以减轻雨天防汛泵站开启时造成的水体污染。上海市排水管理处开展的全市排水管网养护工作，保障了强降雨时道路"积水少、退水快"，在连续降雨量达 50 mm 和 100 mm 以上时，道路积水分别争取在 1 h 和 2 h 内逐步退水。

（四）城市雨水利用

加强雨水资源的收集与利用，尤其是水质较好的屋面雨水，不仅开拓了非传统水资源的利用，还可以削峰填谷，减轻排水系统和非点源污染负荷。上海世博会中国馆、世博中心、文化中心、世博轴、上海企业联合馆、德国馆、挪威馆、新加坡馆、美国馆、鹿特丹案例馆、伦敦案例馆和万科案例馆等众多场馆实现了大面积的雨水收集利用，利用方向包括冲厕、绿化浇灌、道路冲洗、场馆清洗、景观用水或直接饮用等。除了直接利用方式外，在世博园区的建设中，还采用了下凹式绿地、渗透型路面、多功能水绿复合系统等技术，增强了园区雨水的下渗、处理能力，提高了雨水综合利用水平，促进和维护了城市自然降雨水文循环过程。

四、结语

上海中心城区市政排水系统雨水排水管理存在着雨水强排水、雨水排水标准偏低、雨水排水污染严重和排水管道维护水平偏低等问题，影响了城市的水环境与水安全。

上海市政排水系统雨水排水管理在法律法规层面制定了《上海市排水管理条

例》，雨水排水实行排水许可制度，雨水排水虽然使用了市政排水设施，但目前雨水排水尚不收费。与发达国家已建立的成熟管理体系相比，除法律法规层面外，上海雨水排水管理在技术、经济和管理等诸多层面还存在一定差距，尚需在雨水排水管理的内容、形式、广度、深度等更大范围内开展相关研究和政策的制定。

完善市政排水系统、削减暴雨溢流污染、改善排水管道维护和城市雨水利用是上海中心城区近年来开展的较为有效的市政排水系统雨水排水的实践，起到了改善城市水环境质量和保障城市防汛排水安全的作用。

第六节 臭气处理技术在市政雨污水泵站内的应用

一、引言

市政污水泵站中的恶臭气体是由污水中的蛋白质、脂肪、碳水化合物等有机物在厌氧或好氧条件下转化而成的，常见的恶臭成分有氨（NH_3）、硫化氢（H_2S）、吲哚（$C_8H_5-NHCH_3$）、三甲胺[$(CH_3)_3N$]、甲硫醇（CH_3SH）等。这些恶臭物质大多为无色气体，其嗅觉阈值很低，如硫化氢为 0.47 ppb，三甲胺为 0.21 ppb。这些气体均具有强烈的刺激性恶臭味道，有些还具有较大的毒性，极易与空气中的水分、尘粒等结合在一起，随呼吸系统进入人体，对人体各系统有不同程度的损害。长期反复受恶臭物质刺激，会引起嗅觉疲劳甚至导致嗅觉失灵，工作效率、判断力和记忆力下降等。由于市政污水泵站大多建于城区或居民区内，为了提高居民生活的环境质量、杜绝空气污染隐患、提升城市形象，泵站恶臭源的控制已成为目前一些地区亟待解决的环境问题之一，寻求一种切实可行又经济实惠的方法来处理恶臭已十分必要。

二、传统臭气处理技术与方法

①燃烧法：将恶臭气体在富氧环境下燃烧，使之完全氧化分解。这种方法脱臭效率较高，但有投加辅助燃料价格昂贵、温度控制复杂、运行费用比较高等缺点。

②氧化法：主要采用投加氯、臭氧、过氧化氢、高锰酸钾等强氧化剂来破坏恶臭分子，具有反应快、处理装置简单等优点。其缺点是净化效率不高，氧化剂投加量难以控制。

③吸收法：利用恶臭物质的物化性用水或吸收液中的活性成分对恶臭气体进行吸收，使之从气相中分离去除。该方法在处理有限可控臭源气体种类的情况下脱除效率很高，但不能同时去除多种恶臭组分，并且对设备运行管理要求极高，运行成本也较高。

④吸附法：该方法是利用吸附剂对恶臭物质的强吸附力，当恶臭物质通过装

有吸附剂的吸附塔时，达到去除恶臭的目的。该方法设备简单，脱臭效果好，多用于复合恶臭净化的末级处理。但也存在对高浓度恶臭气体处理效率低、装置占地面积大、气阻大、吸附剂需经常更换等缺点。

⑤生物法：是近年来研究较多的一种处理工艺，其通过生物酶的催化氧化作用使废气中的恶臭成分得到降解，该方法最突出的优点是基本无二次污染。但是装置占地面积较大、运行条件相对要求也较高，有运行成本高、操作条件难以控制、技术工艺还不太成熟等缺点，使其推广和使用受到限制。

三、现常用先进方法之一：光催化携高能光子处理臭气技术

上海城市排水设备制造安装工程有限公司采用紫外高能光子技术对泵站恶臭气体进行治理研究并开发了相应的成套处理设备，该方法经多年的实际应用证明脱臭效果比较明显，运行管理也非常方便。

其主要技术方法如下：

①使恶臭气体分子断键，同时激发产生羟基自由基、活性氧等活性基团以及臭氧等强氧化性物质。这些活性基团和强氧化剂可不加选择地与几乎所有的恶臭物质发生氧化反应，使恶臭物质转化为无臭无害物质。

②光催化剂二氧化钛（TiO_2）的掺入，其具有非常强的氧化能力，氧化时几乎可以无选择地对作用对象起氧化作用。因此，在光催化剂的协同作用下，又进一步加快了恶臭物质的分解。

臭气气源的有效控制：市政雨污水管网覆盖区域宽广，输送系统中管内水非满流状态使区域内各泵站、处理厂和管道基本相通，导致管道、箱涵等构筑物空腔内均充满着恶臭气体，由于受气-液二相饱和蒸汽压的限制，除非将雨污水充分治理洁净，否则臭气处理完全是不可能的。所以，对于臭气气源的遮盖、掩蔽与有效控制则显得尤为重要，上海城市排水设备制造安装工程有限公司具有如可翻转深罩式吸风装置等多种形式的收集方式能很好地解决。

通过处理，废气的排放浓度可达《恶臭污染物排放标准》（GB 14554—1993）及《环境空气质量标准》（GB 3095—2012）中恶臭污染物厂界标准值二级或二级以上。臭气中主要成分的处理率为氨气大于等于85%，硫化氢大于等于95%。

四、现常用先进方法之二：驻电极纳米光子臭气技术

为了解决空气污染、改善空气品质，上海爱启环境科技有限公司采用目前国际上前沿高科技NC驻电极净化技术+纳米光子波技术对受污空气进行净化处理。其成套净化系统解决方案已成功应用于多类工况现场，包括室内中央空调系统空气净化、恶臭气体收集处理、废气收集处理、雨污水收集处理等。

其主要技术方法如下：

①NC驻电极高效净化，其采用微观的静电集尘通道的静电凝并特性，细微

颗粒物被异性电荷吸引,形成大颗粒被捕集,可捕集细小颗粒物,具有优越的PM2.5净化性能,对于 0.3 μm 的颗粒物亦有很高的捕集效率。

②纳米光子波原理,利用特定的频谱,对空气中的氧分子进行电离、碰撞、结合,利用光速和光电化学产生出臭氧、过氧化氢、羟自由基及负离子。

通过处理,净化效率高、杀菌效果好。能迅速、有效消灭 95% 以上的细菌、病毒等微生物;能有效去除 TVOC、甲醛、苯等有机污染物;产生的负离子还能抑制灰尘、提高空气新鲜程度;能有效去除烟味及硫化氢、氨氮等异臭味。

第二章 管养修中的关键技术

第一节 水泵叶轮修补防护应用与维修策略研究

一、立题背景

上海市合流污水管理所（以下简称"合流所"）是负责管理分布在全市 50 多座排水泵站的管理单位，泵的运行状态，直接关系到苏州河水质和市民的日常生活污水排放，以及汛期城市道路积水的排放，所以加强对泵站中泵的管理十分重要。

合流污水输送泵叶轮因长期受水流冲刷、气蚀和污水腐蚀，造成局部金属表面磨损成大面积锈蚀、凹坑，若按常规维修工艺则需更新叶轮，价格不菲。最具代表性的水泵有：彭越浦 NPSV1600-1340 混流泵（已做 1 台）、成都路 KRT K 600-520 潜水离心泵（已做 2 台）。该两型号的水泵在国内为进口或国内仿制，目前设备叶轮已难以采购更新，若单独测绘仿制不仅成本巨大，且无法保证叶轮流道线型及安装尺寸。为此，拟对此类叶轮做表面涂层防腐研究，恢复其机械性能，延长设备使用寿命，节约维修经费，降低能耗，探索表面涂装的处理工艺。

二、立题依据及目的

开展"水泵叶轮修补防护应用与维修策略研究"项目，是合流所实施泵站水设备防腐节能管理的一个尝试，试图通过本项目的开展，实现以下目标。

①结合现场，初步建立水泵防腐耐磨及节能增效的方法；

②通过对不同类型、不同状态的水泵阶段监测，分析其磨损气蚀特征；

③通过跟踪监测，分析泵的磨损气蚀变化趋势，研究水泵磨损气蚀量与运行时间的关系；

④通过以上监测与分析研究，为水泵维修提供依据；

⑤通过本项目，为合流所今后开展水泵叶轮修补防护应用与维修提供依据和建议。

三、主要研究内容

①研究水泵磨损气蚀量与运行时间的关系；

②忽略特殊现象，寻找其中普遍的规律；

③研究水泵修复后磨损气蚀量与运行时间的关系，由此确定维修计划及项目必要性论证；

④考察水泵叶轮修复前后水泵电流、流量趋势图，确定新工艺带来的节能效果。

四、研究方法与技术路线

（一）研究方法

以机械表面理论及流体力学理论基础为依据，并与水泵叶轮的工作状况相结合，根据设备的不同，采用以下研究方法。

①根据水泵叶轮的尺寸及转速、腐蚀磨损历史状况、流体化学及物理性能，分析判断叶轮腐蚀磨损的形成原因及程度，确定相应的涂层设计，进行相应的涂装施工，确保叶轮防护的正确性、有效性。

②根据水泵运行的电流、流量等数据记录，分析判断叶轮表面涂装前后的能耗，考察节能效果。

（二）技术路线

通过涂装乐泰复合材料的比对试验，对叶轮金属表面打磨除锈、喷砂喷丸，采用乐泰涂刷工艺，改变水泵过流金属表面结构，以叶轮未磨损高点为基准，必要的地方采取制作靠模的方式，修复气蚀缺陷，恢复近似叶轮的原有线性。一方面恢复叶轮被气蚀处，接近原来轮廓曲线，降低表面流体摩擦系数，另一方面增加表面强度，改善耐磨耐气蚀性能。

可以预见在水泵技术改造后，可以增强水泵的耐磨耐蚀性能，减少水泵部件的消耗，减少拆装次数，还可以起到一定的节能降耗作用。

考察水泵的耐磨耐腐蚀性能要全面对比技术改造前后的状况。水泵过流金属表面涂装表面涂层后，一方面修复了气蚀缺陷，恢复了叶轮形状，减少了因缺陷带来的容积损耗；另一方面涂层表面光滑，粗糙度大大减小，减少了叶轮表面与水的摩擦阻力，也就减少了因其带来的水力损失。因此最终水泵能耗得到了一定程度的降低。

考察水泵的节能降耗性能需注意运行数据的采集是否科学全面，要采集一个泵做防护前后的完整数据，主要包括电流、电压、流量和扬程四个参数。通过相应时间段的数据采集，运用相应效率计算公式，即可得到一个泵做防护前后的泵效，比较得出能耗的降低程度。

（三）国内成功案例

1. 秦山核电循环水泵耐磨防护

秦山核电二期建于浙江海盐，紧邻杭州湾，其循环水为海水，含砂量很大，因此其循环水系统的相关设备都不同程度地存在磨损腐蚀的问题，造成设备有关部件提前报废，在应用乐泰复合材料防护方案后，大大提高了设备部件的使用寿命，给厂方带来了极大的经济效益。

秦山核电站案例是在从英国威尔公司进口的循环水泵叶轮上的应用。该水泵叶轮直径近 2 m、高 1.3 m，材料是耐磨耐腐蚀性能很好的双向不锈钢，价值约 120 万元，核电站一个换料检修期使用后磨损严重（见图 2-1），而且该叶轮没有备件，从英国进口需要一年时间。

图 2-1 换料检修期使用后的磨损

这种磨损如用常规的方法焊补，需要近 40 万元、3 个月时间，这是核电站难以接受的。应用乐泰复合材料防护方案修补一个叶轮，只需 5 天时间，10 万元的修复费用即可，方便快捷。在投入使用同样一个换料检修期后，在原来磨损最厉害的叶轮根部，乐泰耐磨防护材料主要部分完好（图 2-2），效果非常显著。目前该叶轮已全面使用乐泰复合材料防护，这样即可无须更换叶轮本体，只需在每个换料检修期时重复修复一次，就可以确保叶轮可靠地运行一个周期了。

图 2-2 乐泰复合材料防护后效果

2. 在宝山钢铁股份有限公司正压除尘风机转子上的应用

宝山钢铁股份有限公司（以下简称"宝钢"）三期投资电炉厂，主要生产连铸管坯,为后道工序。钢管厂提供优质管坯,而主风机是电炉厂关键设备之一(共2台风机)。从1996年12月投入生产至今,一直是宝检公司检修,由于该设备是进口的,每台需79万元,故后由上海鼓风机厂生产。主风机的主要作用是将电炉粉尘吸到除尘设备中,因此其一直处在高温、高速、重载、粉尘以及有害介质等恶劣条件下繁重地工作,加上生产连续性特点,一台主风机在使用半年左右叶轮就会磨损甚至磨穿,一旦该设备出现事故,将直接影响电炉厂生产,甚至被迫停产检修,影响生产计划的顺利完成。

电炉厂主风机为离心式鼓风机。鼓风机转子如图2-3所示。

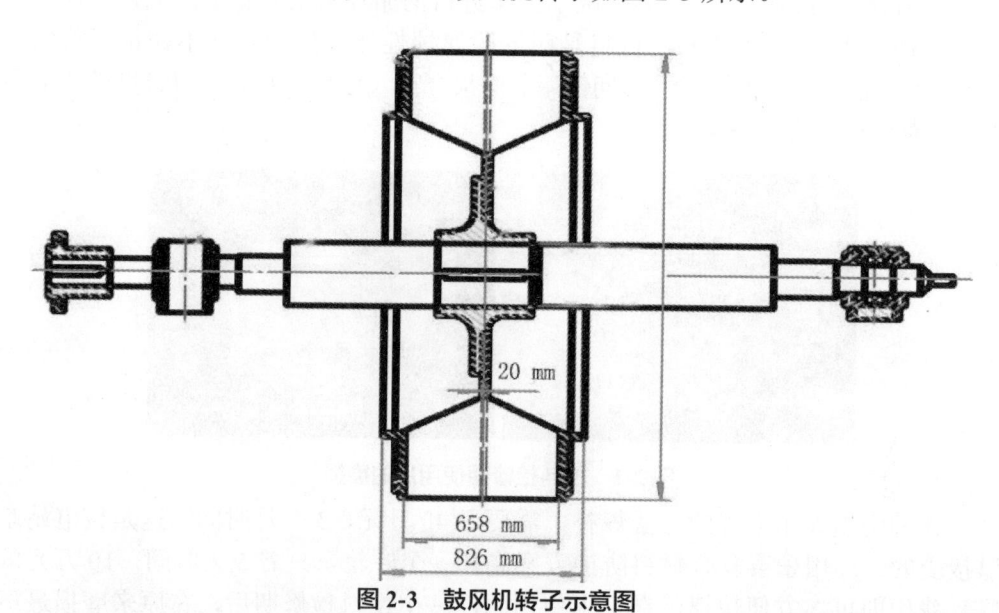

图2-3 鼓风机转子示意图

鼓风机叶轮长6 000 mm,直径2 500 mm,总重21 500 kg。鼓风机叶轮:叶片宽650 mm,长700 mm,厚25 mm,中间板长800 mm,厚20 mm。叶轮材料为16 Mn。现该叶轮工作半年就不得不因为磨损严重而拆卸下来检修,其磨损情况参见图2-4。

图2-4 叶轮磨损情况

根据该叶轮工作工况，除尘机叶轮耐磨防护处理选用乐泰刷涂陶瓷耐磨防护剂（96443白色/98733灰色）和气动耐磨防护剂（98383），在正确工艺施工后，恢复了叶轮原有尺寸，参见图2-5。

图2-5　恢复叶轮原有尺寸

耐磨防护涂层完全固化后，叶轮经动平衡调整完善，再送交使用。使用一年后其使用效果很好，原来易磨损部位主体完好，参见图2-6。

图2-6　使用一年后叶轮易磨损部位主体完好

该项目在宝钢是先例，也是创新，作为攻关项目，从2006年3月9日上机至2006年6月3日运行正常，根据这台除尘机叶轮的工况环境、磨损情况，综合分析预计该鼓风机叶轮经乐泰表面防护技术处理，运行一个周期（12个月）后，主要磨损处金属暴露受磨损面积将不超过40%。而且在此基础上，可经局部修补后即可投入使用，不需太大工作量，此鼓风机可以重复修复而不用更换部件或更换整个叶轮。

由于是涂胶减轻了整体重量，原用电电流I=395 A，现为I=360 A，在能源上节约了395-360=35（A）。

功率：$P=UI$，即 $P=380×395-380×360=13\ 300$（W）$=13.3$（kW）。

厂用每度电为3.08元，即 $13.3×3.08×24×350=35.4$（万元），2台为 $35.4×2=70.8$（万元）。

未采用乐泰表面防护技术处理前，修复成本为本机的30%，即 $79×30\%=23.7$（万元），2台成本为 $23.7×2=47.4$（万元），1年2次为 $47.4×2=94.8$（万元）。

现在采用乐泰表面防护技术处理后，预计检修周期为12个月，1年1次两台费用为 $8.6×2=17.2$（万元），节约 $94.8-17.2=77.6$（万元）。

人工费用：原来为 $15×10×200×4=12$（万元）；现在为 $5×3×200×2=6\ 000$（元）。

人工节约：$12-0.6=11.4$（万元）。

所以年效益为：$70.8+77.6+11.4=159.8$（万元）。

通过使用新工艺对电炉主风机修复安装的成功，在宝钢所有的主风机修理安装中若均采纳新工艺修复，将会得到更大的效益。

3. 水泵节能案例

此案例为兰州市自来水总公司第四水厂配水泵房7#泵组节能改造试验。

该公司为了节能降耗，在引进、吸收、掌握新工艺、新材料的前提下，动力处、第四水厂与乐泰兰州技术服务中心联合协作，对第四水厂配水泵房7#泵进行了节能改造试验。

（1）试验情况简介

改造前试验时间：2003年5月9~10日的9时至14时对配水泵房7#泵组有关数据进行采集。

改造后试验时间：2003年5月30~31日的9时至14时对配水泵房7#泵组有关数据进行采集。

试验中各参数的测量方法：试验系统根据现场所安装的各类仪器、仪表实测数据采集。

改造内容：通过使用乐泰复合材料96443分别对泵壳内部及叶轮进行涂刷，以求达到延长泵组的使用寿命、提高泵组效率，从而起到节能降耗的目的。

（2）有关数据计算

配水7#泵组改造前的计算：

平均流量：$Q_q=255\ m^3/h$；

平均扬程：$H_q=24.77\ m$；

平均电流：$I_q=61\ A$；

平均电压：$V_q=380\ V$；

水泵有效功率 $N_{sq}=\gamma QH/102=(1\ 000×255×24.77)/(102×3\ 600)=17.20$（kW）；

水泵轴功率 $N_{zq}=(3^{1/2}VI\cos\varphi·\eta_{电})/1\ 000=0.001×1.732×380×61\cos\varphi·\eta_{电}=40.15\cos\varphi·\eta_{电}$；

水泵效率 $\eta_{\text{泵 q}}$=17.20/（40.15 $\cos\varphi\cdot\eta_{\text{电}}$）。

设 $\cos\varphi$=0.8，$\eta_{\text{电}}$=0.93，则每小时平均耗电量=40.15×0.8×0.93=29.87（kW·h）；

每千瓦小时所做的有用功为

$$W=(T\gamma QH)/(1\,000\sum E)$$

其中，T：连续工作时间（h）；γ：水的重度（kg/L）；Q：T 时间内的平均流量（L/h）；H：水的扬程（m）；$\sum E$：T 时间内所耗的电量（kW·h）。

所以 W=（1×1×1 000×255×24.77）/（1 000×29.87）=211.46(J)；

每千吨水所耗的电量——电基：29.87×1 000/255=117.14(kW·h/km³)。

配水 7# 泵组改造后的计算如下：

平均流量：Q_h=254 m³/h；

平均扬程：H_h=24.66 m；

平均电流：I_h=50 A；

平均电压：V_h=396 V；

水泵有效功率 $N_{sh}=\gamma QH/102$=（1 000×254×24.66）/（102×3 600）=17.06（kW）；

水泵轴功率 $N_{zh}=(3^{1/2}VI\cos\varphi\cdot\eta_{\text{电}})/1\,000$=0.001×1.732×396×50 $\cos\varphi\cdot\eta_{\text{电}}$=34.29 $\cos\varphi\cdot\eta_{\text{电}}$；

水泵效率 $\eta_{\text{泵 h}}$=17.06/（34.29 $\cos\varphi\cdot\eta_{\text{电}}$）。

设 $\cos\varphi$=0.8，$\eta_{\text{电}}$=0.93，则每小时平均耗电量=34.29×0.8×0.93=25.51（kW·h）；

每千瓦小时所做的有用功为

$$W=(T\gamma QH)/(1\,000\sum E)$$

其中，T：连续工作时间（h）；γ：水的重度（kg/L）；Q：T 时间内的平均流量（L/h）；H：水的扬程（m）；$\sum E$：T 时间内所耗的电量（kW·h）。

所以 W=（1×1×1 000×254×24.66）/（1 000×25.51）=245.54（J）；

每千吨水所耗的电量——电基：25.51×1 000/254=100.43（kW·h/km³）。

配水 7# 泵组改造前后的数据对比：

①效率的比较：

$\eta_{\text{泵 h}}/\eta_{\text{泵 q}}$=1.17，$\Delta$=（$\eta_{\text{泵 h}}-\eta_{\text{泵 h}}$）/$\eta_{\text{泵 q}}$=17%；效率上升为 17 个百分点。

②电基比较：

试验前电基-试验后电基=117.14-100.43=16.71（kW·h/km³），

即每千吨水下降 16.71 度电。

（3）总结

①配水泵房 7# 泵组提效节能效果明显；

②全年预计节电：全年月份×月平均运行天数×24 h×试验前后电耗差 =12×21×24×（29.87-25.51）=26 369（kW·h）；

③直接经济效益：47 658×0.36=17 156.88（元）。

（4）案例总结

现在运用乐泰复合材料修复工程解决了原来因磨损、气蚀、腐蚀导致设备运转、效率低、提前报废等难以解决的痼疾，改善了金属表面性能，并能替代金属本体承受恶劣的工况，在金属本体结构强度足够的前提下，通过设计合理的防护涂层结构，有目的地在一定周期内重复使用该技术，可以大大减少设备部件的购买费用，确保生产的连续可靠运行，从而给设备使用方带来巨大的经济效益和管理效益。

（四）水泵腐蚀磨损分析及其消除措施

1. 水泵腐蚀磨损的原因分析

导致水泵腐蚀磨损的原因较多，有些因素之间既有联系又相互作用，概括起来主要有以下六个方面的原因。

（1）氧化腐蚀

一方面原因是水泵停机或检修时，各金属部件暴露于空气中；另一方面原因是大约 2% 的空气溶解于水中，这样就会对水泵过流金属表面产生氧化腐蚀，进而导致金属表面组织疏松，在水泵运转时这层疏松的组织很容易脱落。

（2）铸造缺陷

水泵一般是铸造部件，铸造工艺固有的缺陷是铸件表面粗糙及铸件内部存在组织疏松和砂眼，这些缺陷使流体经过表面时产生紊流，进而形成局部气蚀和磨损。

（3）水泵气蚀

机组进水流道设计不合理或与机组不配套、水泵淹没深度不当，以及机组启动和停机顺序不合理等，都会使进水条件恶化，产生漩涡，诱发气蚀；叶轮转速、流量等因素如设置不当，以及水压分布不均匀，泵进出口工作液体的压力脉动、液体绕流、偏流和脱流，非定额工况等将造成水泵气蚀。

（4）水力作用

水泵启动和停机、阀门启闭、工况改变以及事故紧急停机等动态过渡过程造成的输水管道内压力急剧变化和水锤作用等，也常常加剧水泵局部缺陷的扩大。

（5）流体化学腐蚀

水泵中流体的化学性能直接影响水泵金属部件的表面状态，可引发化学介质与金属间的化学反应，改变表面组织，形成腐蚀层，在水流作用下被冲刷掉。

(6) 流体物理磨损

水泵中流体中多少含有一些杂物,特别是污水泵,这些杂质在水力作用下对水泵金属表面将造成摩擦磨损。

2. 消除水泵腐蚀磨损的技术措施

在转动设备和流动介质中,部件腐蚀磨损是不可避免的。因此,在机组的制造和安装过程中,在部件的设计、机组运行和管理方面应尽可能减少或消除引起腐蚀磨损的因素,把腐蚀磨损减轻到最低限度,并且由涂层来代替水泵金属体承受腐蚀磨损,减少甚至不更换水泵部件。

(五) 水泵腐蚀磨损的现状

目前机械零件表面涂层成熟工艺已有多种,涂层材料常为非金属和金属。

对于非金属涂层的研究,我国在20世纪六七十年代就开始将环氧树脂及其复合物应用于水泵进行抗磨蚀保护。在20世纪80年代又相继开发了复合龙涂层、聚氨酯类涂层、仿陶瓷涂层以及橡胶涂层等非金属涂层。另外有一些使用速钛胶、橡胶、搪瓷、陶瓷、玻璃等材料形成的非金属涂层,由于加工工艺复杂等使用较少。20世纪90年代,我国在工业领域还引进了美国DEVCON修复剂、ARC复合涂料、人造橡胶涂层等高分子聚合物材料。这些非金属涂层材料在恶劣的泵站使用环境下,往往因涂层与金属基体结合能力差以及材料本身硬度不够,很难达到预期的抗气蚀、抗磨蚀效果。

金属表面保护层使用最多的是焊条堆焊和线材喷涂。利用不锈钢焊条的堆焊法可保证焊层与基体有很高的结合强度,但堆焊法冲淡率大,焊层厚而不匀且加工余量大,对工作基体材料的可焊性要求高。经堆焊法处理的水泵叶片表面,一般在堆焊处未发生气蚀破坏前,在堆焊点周围却又迅速发生新的气蚀破坏,直至堆焊层底部。线材喷涂所形成的不锈钢雾状颗粒涂层以机械结合为主,不太适用于水泵冲击载荷和抗气蚀的修复。合金粉末喷涂是在线材喷涂基础上发展起来的。与堆焊法相比,成型美观平整,厚度易于控制,冲淡率小,方法简便,热源易得,加工不受气候、场地的限制。但由于喷涂层是由高速喷射到基体表面的半熔融状态的合金粉末微粒一层一层有规则地叠加形成的,属于层状结构,其物理特性具有方向性,而且在喷涂过程中,每颗粉末微粒均出现凝结、收缩、变形等现象而在涂层中发展成一种内应力,因此合金粉末喷涂一般只用于气蚀和磨蚀不太严重的中小型水泵的表面保护。

(六) 乐泰解决方案

汉高乐泰(中国)有限公司提出了机化一体的全新理念,将化学产品科学有机地应用到机械部件上,有效消除了机械不可避免的缺陷,为机械工业带来了革命性的进步。乐泰复合材料在化工、核电及钢铁工业的成功应用,为污水系统的防护工艺提供了一定的借鉴经验。表面涂装工艺具有操作方便、不影响叶轮尺寸、不改变内应力、使用效果明显等特点,叶轮在未达到其疲劳极限情况下,可反复涂装，其使用寿命可以大大延长。同时，通过叶轮表面涂装处理，叶轮的流态得到恢复，还能起到节能增效的作用。

五、合流所水泵乐泰技术措施

（一）针对彭越浦 NPSV 1600-1340 混流泵

1. 混流泵尺寸

直径 1 280 mm，高 930 mm，三幅叶片宽约 1 100 mm、长约 1 000 mm。

2. 混流泵磨损情况

混流泵主要磨损集中在叶片进出口根部，参见图 2-7，特别是出口根部已有较大缺损穿孔，叶轮下盘磨损，局部金属缺损达 10 mm，整个泵体表面都有腐蚀气蚀形成的坑洼。

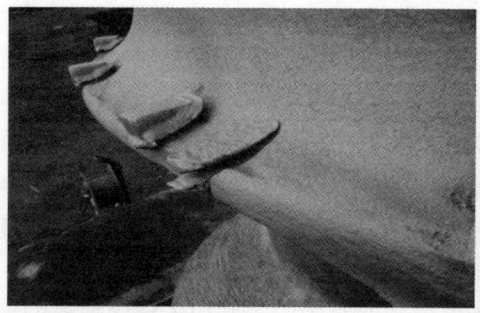

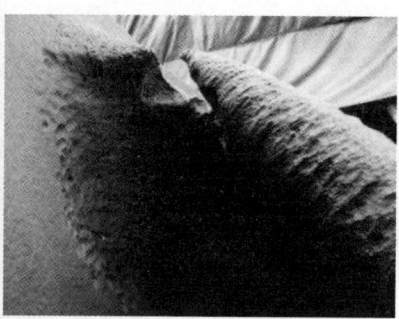

图 2-7　混流泵磨损

3. 混流泵主要修复工艺

（1）表面处理工序

①根据彭越浦泵站水质报告，选用乐泰清洗剂 82253 以约 15 kg 水压反复冲洗泵体表面，除去表面污渍等，放入烘箱以 120 ℃烘干。凉置 2 天，观察表面锈蚀状况，表面仍有局部黑锈，如图 2-8 所示。

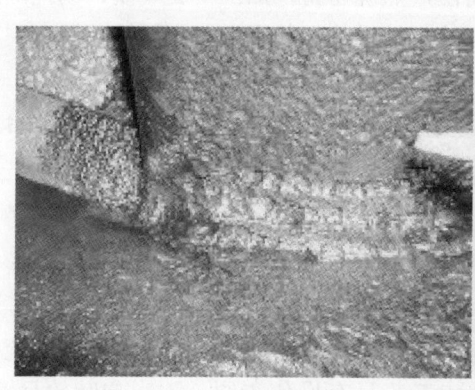

图 2-8　混流泵表面处理工序

②用乐泰清洗剂 755 进一步清洗局部黑锈部位，然后用碘钨灯烘干，反复此工序直至不再出现黑锈现象。

③表面整形处理：由于磨损气蚀是不规则的，有的地方形成刀口状，有的地方形成缝隙，有的地方形成内空孔洞，这些都不利于修复处理，用砂轮等工具打磨修整，使之复合修复工序的要求。

④表面喷砂处理：整个叶轮送喷砂厂喷砂处理，表面粗糙度达到 0.75 mm。

（2）表面修复工序

①底涂处理：用乐泰清洗剂 755 做工序前清洗，然后用乐泰刷涂陶瓷防护剂 98733 刮涂一层，胶层厚度小于 0.05 mm，起润湿金属表面的作用，保温固化 3 h。

②磨损气蚀严重部位修复：用乐泰耐冲击防护剂修补叶片进出口根部磨损气蚀严重部位，恢复到原有尺寸的约 80%，保温固化 3 h；接着用乐泰气动耐磨防护剂 98383 修补同样部位，略高于原叶片尺寸 0.5～1 mm，保温固化 6 h，效果如图 2-9 所示。

图 2-9　混流泵磨损气蚀严重部位修复

③修复部位打磨处理：用砂轮机打磨修复部位，除去修补表面毛刺、台坎，使表面圆滑均匀，用压缩空气吹除打磨留下的灰尘等杂物。

④整个叶轮表面修补平整：用乐泰超金属修补剂 97473 修复整个叶轮金属表面的缺陷洼坑，修复上道工序留下的各种表面缺陷，使叶轮表面平整圆滑，保温固化 6 h，效果如图 2-10 所示。

图 2-10　混流泵叶轮表面修补平整

⑤整个叶轮表面抛光处理：用砂布打磨整个叶轮表面，除去所有表面毛刺等缺陷。

⑥整个叶轮表面表层处理：用乐泰刷涂陶瓷防护剂 98733 分两次刷涂整个叶轮表面，每层涂层厚度约 0.25 mm，每次保温固化 3 h，效果如图 2-11 所示。

图 2-11　混流泵叶轮表面表层处理

（二）针对成都路 KRT K 600-520 潜水离心泵

1. 离心泵尺寸

直径 1 280 mm，高 930 mm，三幅叶片（宽约 1 100 mm、长约 1 000 mm）。

2. 离心泵磨损情况

离心泵主要磨损集中在叶片出口根部，参见图 2-12，根部已有较大缺损穿孔，叶片根部约 1/3 表面都有腐蚀气蚀形成的坑洼。

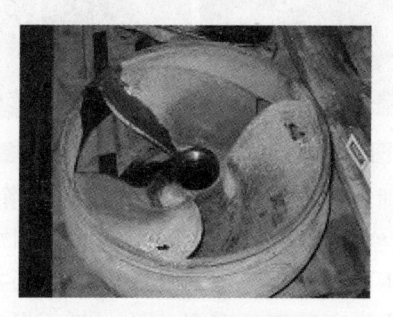

图 2-12　离心泵磨损

3. 离心泵主要修复工艺

（1）表面处理工序

①根据成都路泵站水质报告，选用乐泰清洗剂 82253 以约 15 kg 水压反复冲洗泵体表面，除去表面污渍等，放入烘箱以 120 ℃烘干。凉置 2 天，观察表面锈蚀状况，表面仍有局部黑锈。

②用乐泰清洗剂 755 进一步清洗局部黑锈部位，然后用碘钨灯烘干，反复此工序直至不再出现黑锈现象。

③表面整形处理：由于磨损气蚀穿孔处是不规则的，孔口处金属很薄，这些都不利于修复处理，用砂轮等工具打磨修整，使之符合修复工序的要求。穿孔处

焊补处理：由于叶片穿孔较大（长约 50 mm，宽约 15 mm），因此沿穿孔长度方向并排等距离焊接钢丝 4 根，起到加强作用。

④表面喷砂处理：整个叶轮送喷砂厂喷砂处理，表面粗糙度达到 0.75 mm。

（2）表面修复工序

①底涂处理：用乐泰清洗剂 755 做工序前清洗，然后用乐泰刷涂陶瓷防护剂 98733 刮涂一层，胶层厚度小于 0.05 mm，起润湿金属表面的作用，保温固化 3 h，效果如图 2-13 所示。

图 2-13　离心泵底涂处理

②磨损气蚀严重部位修复：用乐泰耐冲击防护剂修补叶片进出口根部磨损气蚀严重部位，恢复到原有尺寸的约 80%，保温固化 3 h；接着用乐泰气动耐磨防护剂 98383 修补同样部位，略高于原叶片尺寸 0.5～1 mm，保温固化 6 h，效果如图 2-14 所示。

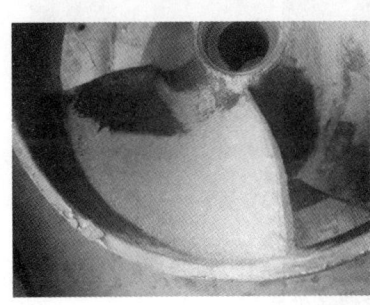

图 2-14　离心泵磨损气蚀严重部位修复

③修复部位打磨处理：用砂轮机打磨修复部位，除去修补表面毛刺、台坎，使表面圆滑均匀，用压缩空气吹除打磨留下的灰尘等杂物。

④整个叶轮表面修补平整：用乐泰超金属修补剂 97473 修复整个叶轮金属表面的缺陷洼坑，修复上道工序留下的各种表面缺陷，使叶轮表面平整圆滑，保温固化 6 h。

⑤整个叶轮表面抛光处理：用砂布打磨整个叶轮表面，除去所有表面毛刺等缺陷。

⑥整个叶轮表面表层处理：用乐泰刷涂陶瓷防护剂 98733 分两次刷涂整个叶

轮表面，每层涂层厚度约 0.25 mm，每次保温固化 3 h，效果如图 2-15 所示。

图 2-15　离心泵叶轮表面表层处理

六、成果应用及意义

（一）经济效益与社会效益

1. 经济效益

在修复一段时间后打开水泵入孔观测，水泵修复处完好，没有新的气蚀现象，参见图 2-16，基于其使用现状及水泵修复经验，可以基本判定该水泵这次修复后其使用寿命在 4 年以上。

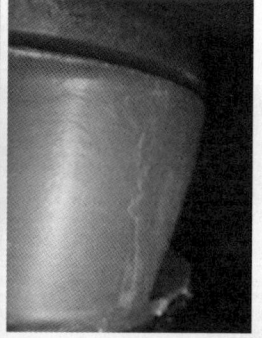

图 2-16　水泵修复处完好

通过对防护后水泵状况电流、流量数据的监测整理（图 2-17 和图 2-18），可知使用前水泵电流约为 170.0 A，使用乐泰技术修复后水泵电流约为 161.0 A，电流平均降低 9.0 A。

图 2-17 彭越浦泵站 2# 电动机电流/流量趋势图

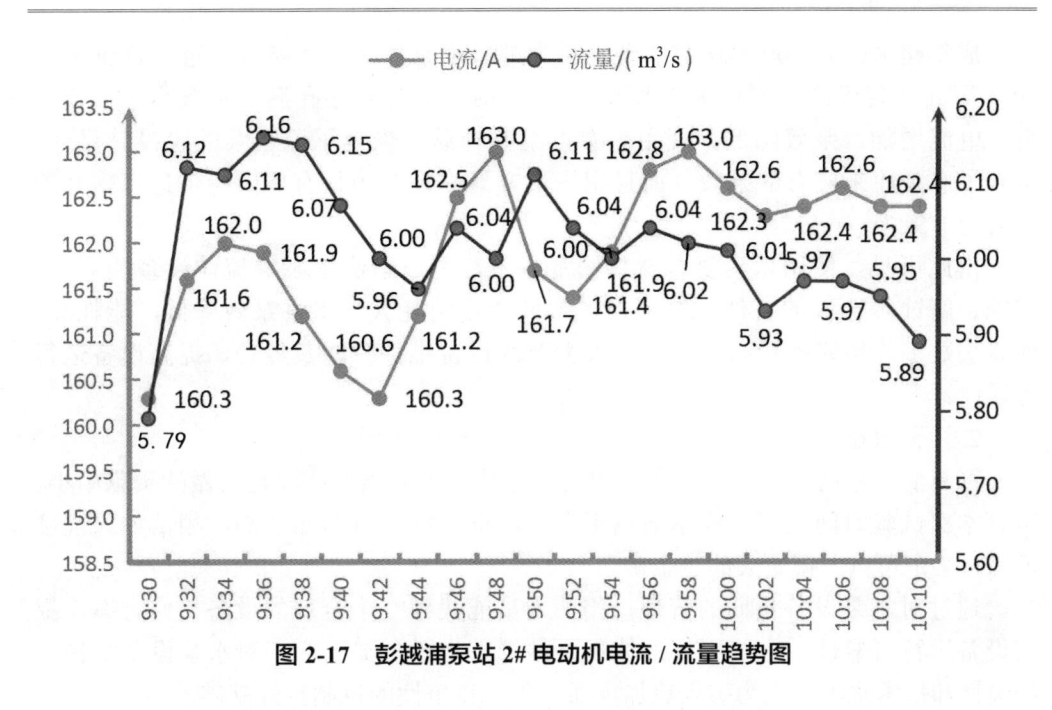

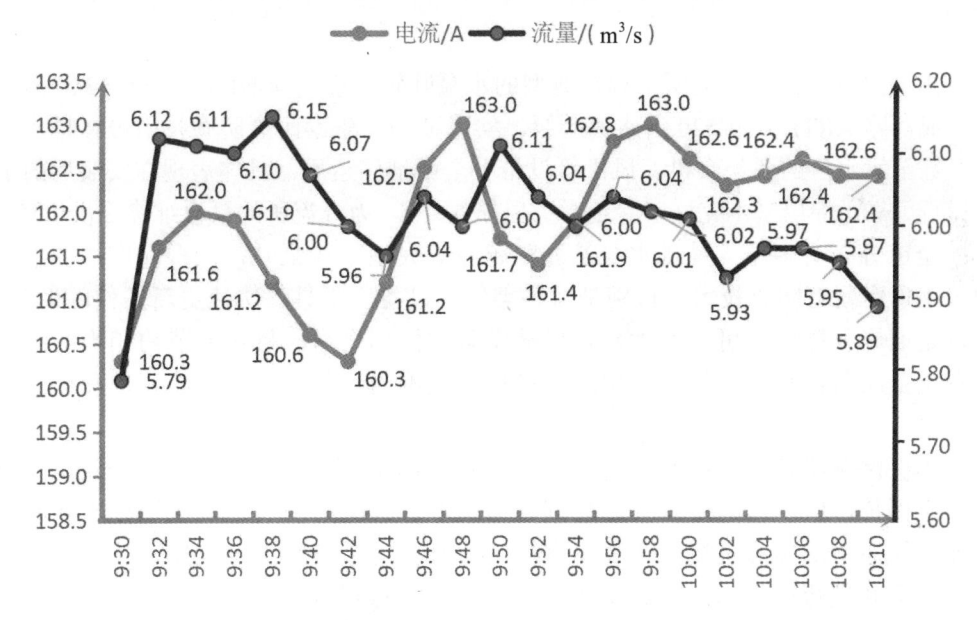

图 2-18 彭越浦泵站 7# 电动机电流、流量趋势图

  彭越浦 NPSV 1600-1340 混流泵叶轮价值 20~50 万元，因磨损导致水泵容积损耗严重，电流增加，泵效降低，现用乐泰方案修补后，恢复了原水泵叶轮设计尺寸，达到了水泵原来应有的泵效，而且用乐泰方案修补费用约为 6 万元，是更换新叶轮价格的 1/3~1/10，可见通过使用乐泰技术可以带来明显的经济效益。

成都路 KRTK 600-520 潜水离心泵为进口水泵，叶轮无备件，进口件价格为 10 多万元（现国产仿制件为 4 万元），因气蚀导致叶片穿孔后，水泵容积损耗严重，电流增加，泵效降低，现用乐泰方案修补后，恢复了原水泵叶轮设计尺寸，达到了水泵原来应有的泵效，而且用乐泰方案修补费用只有更换一个进口新叶轮价格的 1/5。

由此可见，使用乐泰复合材料修复方案，可以解决水泵等流体设备因磨损、气蚀、腐蚀等造成的备件频繁更换，备件费用消耗大，水泵泵效降低，能耗高，检修次数多，检修费用高等问题，大大节约设备维护时间及经费，提高设备运行可靠性。

2. 社会效益

彭越浦泵站的试验证明，乐泰耐磨防腐技术为泵站节能降耗所做的贡献不小，尽管本次试验时间较短、样本数据不多，但也可窥一斑而知全豹，相信如果继续追踪，必定可以发掘更大的"金矿"。

通过对水泵设备长期的管理，相关人员能找到一个合理的设备检修方案，提高设备运行可靠性，也能更好地体现泵站管理水平，提高职工对水泵设备维护的积极性和技术水平，也为引入更加灵活、更具竞争性的机制打好基础。

（二）结论

本项目选择的是合流所下属较典型的水泵叶轮：彭越浦 NPSV 1600-1340 混流泵、成都路 KRTK 600-520 潜水离心泵。实践证明，乐泰耐磨防腐技术可在排水泵站，甚至污水厂的各类泵机、风机等设备上全面推广运用。具体表现在安装后的水泵运行可靠，涂层基本完好（除正常磨损损耗外），为合流所的泵机维修提供信息。

全市分布有多座支线排水泵站如彭越浦等大型干线泵站，点多面广，如果全面采用乐泰耐磨防腐技术，特别是对各类进口设备（不具备快速更新条件的设备）进行定期修复防腐，可以大大延长机械设备的使用寿命，每年能节约相当的维修经费及备品备件费用，使设备始终在可控制范围内运行，为泵站的管理和维修提供依据。

本次课题研究只跟踪了 6 个月，而大多数泵的运行寿命都已有 10 余年了，有些甚至更长，所以目前所具有的数据远远不够，解决磨损气蚀的应用技术标准也只能依靠通常的标准进行，要真正掌握每台设备的最终解决方案还要通过长期的数据积累并进行逐步的跟踪调整才行，我们同时感到若想取得更好的效果，扩大对泵的磨损气蚀监测范围，更多地采集数据样本、积累历史数据和历史资料是我们下一步需努力的方向。

第二节　振动监测技术应用于排水泵维修策略研究

一、立题背景

合流所是负责管理分布在全市 50 多座排水泵站的管理单位，泵的运行状态，直接关系到苏州河水质和市民的日常生活污水的排放，以及汛期城市道路积水的排放，所以加强对泵站中泵的管理十分重要。

排水泵的机械状态是变化的，管理也应该是动态的、信息化的。动态信息化管理是一种符合实际的科学的管理方法，它可以最大程度地保障设备运行的完好率，同时又能降低维修成本，而这正是企业降本增效的关键。

二、立题依据及目的

开展"水泵振动值与运行时间的研究"项目，是合流所实施泵站动态信息化管理的一个尝试，试图通过本项目的开展，实现以下目标。

①结合现场，初步建立泵振动测试的方法；
②通过对不同类型、不同状态的泵振动测试，分析泵振动特征；
③通过跟踪测试，分析泵的振动变化趋势，研究水泵振动值与运行时间的关系；
④通过以上振动测试与分析研究，为水泵维修提供依据；
⑤通过本项目，为合流所今后开展水泵状态监测提供可行性依据和建议。

三、主要研究内容

①泵的振动速度、加速度和振动冲击能量（gSE）与故障诊断之间的关系；
②忽略特殊现象，寻找其中普遍的规律；
③建立水泵振动值与时间的关系图，由振动值确定维修计划产品市场需求分析及项目必要性论证；
④投资估算。

四、研究方法与技术路线

（一）研究方法

以机械振动理论基础为依据，并使之与整个合流所的现状相结合，根据系统的分布，采用以下研究方法：以水泵振动监测、原理、方法的国家标准为技术要求，由泵站水泵不同的用途、型号分类，进行振动值的测定，确保测得数据的正确性、有效性。

（二）技术路线

从水平、垂直、轴向测定水泵振动的位移、速度 RMS、加速度等。

可以预见随着运转时间的增加，振动值的振幅也相应加大，避免了仪器或检测读数中的误差带来的影响。

估计到泵站开车水位影响。

调整水泵运行时间与振动测定时机的把握。

五、项目的技术简介及使用

（一）当前振动监测技术的现状

设备状态监测与故障诊断技术（统称为设备故障诊断技术）是一种了解和掌握设备在使用过程中的状态，确定其整体或局部是正常或异常，早期发现故障及原因，并能预测故障发展趋势的技术。通俗地说，它是一种给设备"看病"的技术。这里所说的设备是指机械设备，包括各类机器的动态设备和容器、管道、阀门等静态设备，还包括一些电气设备。

设备故障诊断技术从某一角度考虑，可以属于信息技术范畴。它是利用被诊断的对象所提供的一切有用信息，经过分析处理，获得最能识别设备状态的特征参数，最后做出正确的诊断结论。

设备故障诊断技术是一门正在发展和不断完善中的技术。虽然已有不少行之有效的方法和手段，但与工业生产发展水平相比，它还有很大差距。设备故障诊断技术从最原始最简单的用人的感官来诊断，一直到现代化的计算机自动诊断系统，种类繁多，这是由设备的多样化和故障的复杂性决定的。在开展设备故障诊断时，要根据自己企业或单位的具体情况来选择。

目前，设备故障诊断技术已经应用到各种行业、企业、工程的各类设备，包括各种机械、不同机组或者重要的零部件的监测、分析、识别和故障诊断。设备状态监测与故障诊断既有联系又有区别。其实，没有监测就没有诊断，诊断是目的，监测是手段，监测是诊断的前提。状态监测通常是指通过监测手段，监测和测量设备或部件运行状态信息和特征参数（如振动、温度等），同时以此来检查其状态是否正常。例如，当特征参数小于允许值时便认为是正常，否则为异常；可将超过允许值的大小表示故障严重程度，当它达到某一设定值（极限值）时就应停机检修等。若对设备进行定期或连续监测便可获得设备故障发展的趋势性规律，对设备的剩余运行寿命做出估计，借此便可进行预测预报。这就是国外较为普遍采用的有效方法，叫趋势分析，可通过计算机来完成，通常称为自动监测分析系统。一般来讲，设备状态监测所用的仪器比较简单，易于掌握，对人员素质要求不高，只要恰当地加以组织，一般都能取得效果，因此状态监测又称为简易诊断。

设备故障诊断，不仅要检查出设备是否正常，还要对设备发生故障的部位、产生故障的原因、故障的性质和程度，进行深入分析并做出判断，故它又称为精密诊断。这就不仅仅是对这些监测和诊断系统应有了解，更重要的是对设备本身的结构、特性、动态过程、故障机理，以及故障发生后的后续工作或事件，包括维修与管理要有比较清楚的了解。

设备故障诊断技术适用于下列设备：

①生产中的重大关键设备，包括没有备用机组的大型机组；
②不能接近检查、不能解体检查的重要设备；
③维修困难、维修成本高的设备；
④没有备品备件，或备品备件昂贵的设备；
⑤从人身安全、环境保护等方面考虑，必须采用设备诊断技术的设备。

（二）振动测试技术及系统介绍

振动测试技术采用傅立叶变换技术即频谱分析技术，通过振动加速度传感器，拾取设备的振动时间信号，再通过频谱分析技术，找出设备的振动信息，判断设备的振动大小和异常。这是目前使用最广泛的设备诊断技术。

振动分析系统采用美国罗克韦尔（Rockwell）公司的 DataPAC 1500 数据采集器（见图 2-19）及 Emonitor Odyssey 监测软件，来完成振动数据的采集、分析、诊断和管理功能。DataPAC 1500 数据采集器具有体积小、质量轻、操作方便、分辨率高、显示快的优点，十分适合现场巡检数据采集。它不仅可以完成离线监测点的振动测试，而且可以通过专用电缆接口，采集在线监测点的振动信号。图 2-20 为测试原理图。

图 2-19　DataPAC 1500 数据采集器

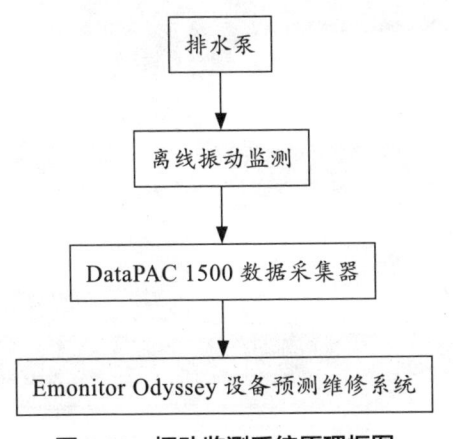

图 2-20　振动监测系统原理框图

Emonitor Odyssey 系统是一个集振动、油液、红外等工艺参数于一体的综合性的设备监测和管理系统。该系统可以通过对合流所下属三个泵站的 6 台排水泵进行细致的技术调研，了解设备的技术运行参数，在诊断系统中建立每台设备的状态监测数据库，并根据不同设备的运行情况，结合设备的振动标准，为每台设备建立振动的门限值，一旦发现有设备超出振动的许可门限值，系统会自动给出提示，提醒设备维修工程师进行设备的重点监测和巡视。同时可以通过系统强大的诊断功能，对异常设备的情况给出明确的诊断意见和结论，为设备的维修提供有针对性的建议，避免过度的维修和失修。

Emonitor Odyssey 系统界面和图谱分析界面分别如图 2-21 和图 2-22 所示。

图 2-21　Emonitor Odyssey 系统界面

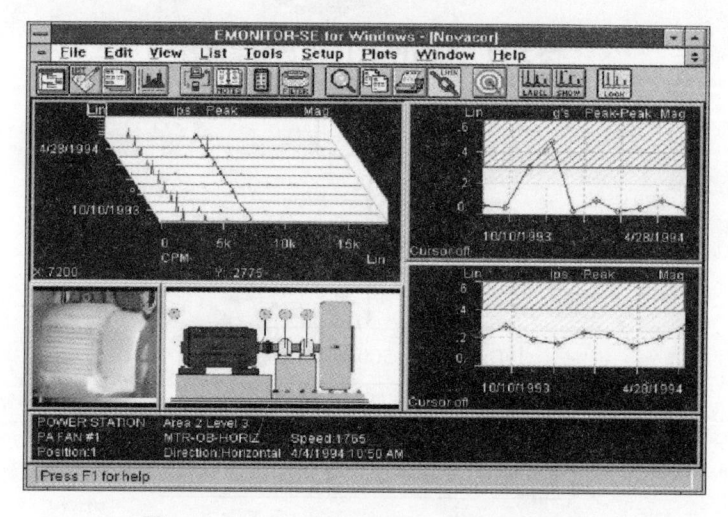

图 2-22　Emonitor Odyssey 图谱分析界面

（三）被监测设备及技术参数

1. 彭越浦泵站大型排水泵监测

（1）设备测量简图

排水泵设备测量简图如图 2-23 所示。

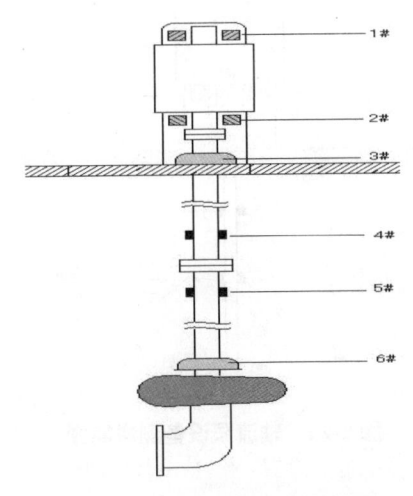

图 2-23　排水泵设备测量简图

（2）振动测量点

①电动机轴承测点：1 A、1 H、1 V 径向 12 片，轴向推力瓦 8 片，2 A、2 H、2 V 径向 6 片；

②上推力轴承 SKF29348 E（盆式圆锥滚柱推力轴承）测点：3 A、3 H、3 V；

③中间轴径向轴承（英国 COOPER 产滚动轴承）测点：4 A、4 H、4 V、5 A、5 H、5 V；

④下推力轴承（轴瓦）测点：6 A、6 H、6 V。

其中，A 为轴向方向，对于立式泵来说，就是上下方向；H 为水平方向；V 为垂直方向。

（3）主要技术参数

泵叶片通过频率为 3×6.25=18.75（Hz）。

（4）主要振动测试参数

振动速度（rms，mm/s），500 Hz 频率范围，1 600 线分辨率（采集定义 500～1 600）。

振动加速度（g），5 000 Hz，3 200 线分辨率，总值滤波（采集定义 MOTOR-5 000）。

振动冲击能量（gSE），500 Hz，1 600 线分辨率，5 kHz gSE 滤波（采集定义 500～1 600）。

2. 普善路泵站轴流泵监测

（1）设备测量简图

轴流泵设备测量简图如图 2-24 所示。

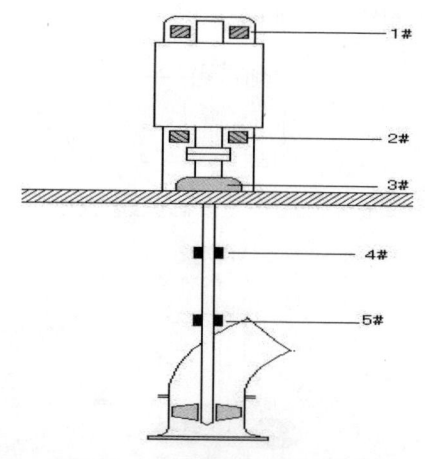

图 2-24　轴流泵设备测量简图

（2）振动测量点

①电动机轴承测点：1 A、1 H、1 V，2 A、2 H、2 V；

②上推力轴承测点：3 A、3 H、3 V；

③中间轴径向轴承测点：4 A、4 H、4 V，5 A、5 H、5 V；

（3）主要技术参数

①电动机：功率 175 kW，主轴转速 743 r/min；

②电动机轴承：泵上轴承 1228（D=195，d=27，Z=20，接触角 8.96°），推力轴承 18324，中间轴承 111320（D=158，d=27，Z=15，接触角 8.96°），泵内橡胶轴承。

（4）主要频率计算

电动机主轴转频 12.39 Hz。

泵上轴承频率（fi 为内圈故障频率，fo 为外圈故障频率，fb 为滚珠故障频率，ft 为保持架故障频率）：

f_i=140.91 Hz，f_o=106.89 Hz，f_b=87.75 Hz，f_t=5.3 Hz。

中间轴承 111320：

f_i=108.58 Hz，f_o=77.27 Hz，f_b=70.58 Hz，f_t=5.15 Hz。

（5）主要振动测试参数

振动速度（rms，mm/s），500 Hz 频率范围，1 600 线分辨率（采集定义 500～1 600）。

振动加速度（g），5 000 Hz，3 200 线分辨率，总值滤波（采集定义 MOTOR-

5 000）。

振动冲击能量（gSE），500 Hz，1 600 线分辨率，5 kHz gSE 滤波（采集定义 500～1 600）。

V 方向记录振动时域波形。

3. 新和田路离心泵监测

（1）设备测量简图

离心泵设备测量简图如图 2-25 所示。

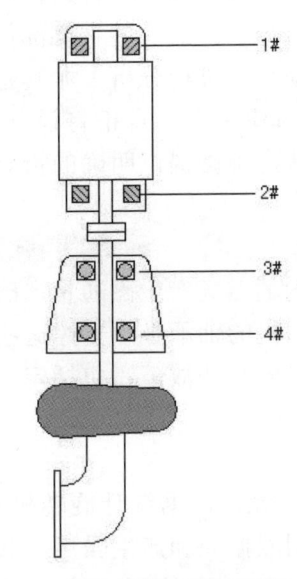

图 2-25 离心泵设备测量简图

（2）振动测量点

①电动机轴承测点：1 A、1 H、1 V、2 A、2 H、2 V；

②中间轴径向滚动轴承测点：3 A、3 H、3 V、4 A、4 H。

（3）主要技术参数

电动机：主轴转速 600 r/min。

（4）主要频率计算

滚动轴承故障频率(f_i 为内圈故障频率，f_o 为外圈故障频率，f_b 为滚珠故障频率，f_t 为保持架故障频率)f_i=113.79 Hz，f_o=86.32 Hz，f_b=70.86 Hz，f_t=4.28 Hz。

（5）主要振动测试参数

振动速度（rms，mm/s），500 Hz 频率范围，1 600 线分辨率（采集定义 500～1600）。

振动加速度（g），5 000 Hz，3 200 线分辨率，总值滤波（采集定义 MOTOR-5 000）。

振动冲击能量（gSE），500 Hz，1 600 线分辨率，5 kHz gSE 滤波（采集定义 500～1 600）。

V 方向记录振动时域波形。

（四）水泵振动机理分析

通过对排水公司的主要设备（大型的混流泵、中小型轴流泵和离心泵）进行调研，可知从 155 kW 到 1 700 kW，驱动方式均为交流电动机，运行工况比较单一，但是会受到水位的影响。为了建立设备运行时间和振动之间的关系，有必要对这些设备的故障机理进行分析，对一些主要部件，诸如电动机、滚动轴承、滑动轴承、泵的叶轮等的振动特性进行分析，尤其是对振动的幅值、振动的频谱特征等建立一个比较明确的对应关系，真正将设备的运行时间和振动状态联系起来，并在实践中为设备的状态维修提供明确的指导意见，合理地安排设备的维修周期。

1. 电动机振动机理分析

通常情况下，电动机内的磁场产生磁通量，磁通量产生电磁力。电动机上还有机械上产生的力，而电动机的轴承必须支撑这些电气上产生的和机械上产生的所有力。用振动分析可以检测某些故障，包括定子偏心、转子偏心、转子故障、电气相位问题、直流电动机的故障。

2. 滚动轴承振动机理分析

滚动轴承是机器中易损元件，据统计旋转机械的故障有 30% 是由轴承引起的，它的缺陷会导致机器剧烈振动和产生噪声，甚至会造成设备的损坏。它的基本失效形式有疲劳剥落、磨损、塑性变形、锈蚀、断裂、胶合。

3. 滑动轴承振动机理分析

滑动轴承是通过旋转的轴和静止的轴承孔之间形成油膜工作的。

滑动轴承的常见故障有 4 种：轴承磨损和间隙故障、油膜涡动、油膜拍打、干摩擦。

4. 泵叶轮振动机理分析

泵的主要工作介质是流体，因此分析泵的振动特征主要是分析流体对泵的转子和叶轮的作用力的影响。与诸如不平衡、不对中、共振等机器振动故障不同，流体引起的振动往往与工作状态有关。

（五）水泵振动现场测试数据

1. 泵的振动测试数据

彭越浦泵站水泵振动数据如表 2-1 所示。

表 2-1　彭越浦泵站水泵振动数据表　　　单位：mm/s，rms

测点		1# 泵			8# 泵		
		9月6日	9月20日	10月18日	9月6日	9月20日	10月19日
流量水位 /m		6.8 −7.87	6.82 −7.49	7.3 −5.59	7.37 −5.90	6.82 −7.49	6.82 −5.59
电动机测点	1 A	0.491	0.557	0.338	0.637	0.677	0.611
	1 H	3.757	3.711	3.229	0.932	0.603	0.845
	1 V	1.848	1.519	1.865	0.588	0.405	0.843
	2 A	0.449	0.459	0.446	0.670	0.702	0.596
	2 H	2.124	2.113	1.711	0.559	0.643	0.633
	2 V	0.998	0.718	0.867	0.478	0.426	0.401
上推力轴承	3 A	0.424	0.740	0.335	1.200	1.192	1.227
	3 H	1.162	1.151	1.005	1.257	1.327	1.232
	3 V	0.337	0.252	0.318	1.282	1.059	1.031
中间径向轴承	4 A	0.348	0.363	0.286	0.810	0.827	0.718
	4 H	1.194	1.009	1.287	1.278	1.175	1.248
	4 V	1.631	1.569	2.931	2.650	1.692	1.842
	5 A	0.354	0.393	0.422	1.154	1.052	0.888
	5 H	1.631	1.791	1.290	1.924	2.287	2.528
	5 V	2.740	2.995	3.370	2.084	3.137	3.008
下推力轴承	6 A	1.371	1.620	1.222	1.458	1.614	1.496
	6 H	1.531	1.443	0.833	0.941	0.907	0.882
	6 V	0.751	1.598	1.848	1.662	1.365	1.642

普善路泵站水泵振动数据如表 2-2 所示。

表 2-2　普善路泵站水泵振动数据表　　　单位：mm/s，rms

测点		2# 泵			3# 泵		
		9月6日	9月20日	10月18日	9月6日	9月20日	10月18日
流量 m³/s 水位 /m		0.63 +0.35	1.50	停修	0.63 +0.35	1.50	1.50 +1.20
电动机测点	1 A	2.812	4.468	—	1.327	1.244	1.023
	1 H	5.091	4.445	—	1.675	1.681	1.959
	1 V	19.154	16.597	—	4.226	3.930	7.762
	2 A	3.890	4.065	—	1.616	1.282	1.560
	2 H	2.179	2.610	—	1.624	1.434	1.521
	2 V	8.110	7.178	—	2.525	2.207	4.000

续表

	测点	2# 泵			3# 泵		
		9月6日	9月20日	10月18日	9月6日	9月20日	10月18日
上推力轴承	3 A	3.281	3.274	—	2.907	2.183	1.870
	3 H	3.713	3.675	—	2.304	2.479	2.469
	3 V	3.462	3.171	—	1.964	2.215	2.526
中间轴承	4 A	2.854	3.551	—	3.118	2.669	2.504
	4 H	6.211	5.171	—	4.751	4.097	3.656
	4 V	9.376	11.020	—	17.072	11.860	7.291
	5 A	1.038	0.862	—	1.411	0.782	1.032
	5 H	1.679	1.871	—	2.658	1.861	2.169
	5 V	2.103	1.955	—	2.937	2.000	2.106

新和田路泵站水泵振动数据如表 2-3 所示。

表 2-3　新和田路泵站水泵振动数据表　　　　单位：mm/s，rms

	测点	1# 泵			2# 泵		
		9月6日	9月20日	10月18日	9月6日	9月20日	10月18日
	流量 m^3/s 水位/m	1.01 +0.60	—	1.12 +1.20	1.01 +0.60	—	1.12 +1.20
电动机测点	1 A	2.405	—	2.286	—	—	1.210
	1 H	5.355	—	4.725	1.835	—	1.521
	1 V	10.647	—	8.982	2.502	—	2.472
	2 A	3.017	—	3.179	1.407	—	1.165
	2 H	2.460	—	2.401	1.272	—	1.459
	2 V	4.631	—	4.811	1.850	—	1.583
中间滚动轴承	3 A	1.635	—	2.459	2.441	—	2.542
	3 H	3.089	—	2.751	3.705	—	3.620
	3 V	3.508	—	3.154	3.922	—	3.832
	4 A	1.977	—	2.340	2.764	—	2.157
	4 H	1.871	—	1.482	1.909	—	1.614

2. 泵的振动标准

通过对这六台泵的测试，总体上看，在正常的工作状态下，振动信号稳定，各个振动特征频率也比较突出，振动的速度值能够和设备的具体的运行状态建立一定的对应关系，同时振动的加速度信号对各个故障的对应频率也比较吻合，所以用振动的方法建立设备的对应状态关系还是比较有效的。

本项目所用的振动传感器为内置放大电路的加速度传感器，通过数据采集器的运算换算成振动的速度信号和加速度信号，并给出一个振动的总值，以此和相关的振动标准进行对比，进而判断设备的状态处于什么阶段。根据相关的技术数据，目前类似的大型水泵并没有专门的振动标准，因此我们可以借鉴相应的通用设备标准进行衡量，如 国际标准化组织（ISO）10816 振动标准。

ISO 是由各国标准化团体（ISO 成员团体）组成的世界性联合组织，制定国际标准的工作通常由 ISO 的技术委员会完成。现在的机器日益在高速、连续、重载运转条件下运行，工作条件日益恶劣，通常希望连续工作即两次维修之间的期限为 2～3 年，有的甚至更长。因此对旋转机器的工作振动幅度值规定了许多限制性的要求，以保证机器连续安全和可靠地工作。对于许多机器，在非旋转部件上测量足以描述无故障工作的运行状态。振动测量能用于多种目的，包括日常运行监测、验收测试、诊断和分析研究。由于所测设备大小不同、工作状态不同，因此对具体的设备振动标准也不尽相同。不同设备的振动标准如表 2-4 所示。

表 2-4 不同设备的振动标准

区域	设备	A/B	B/C	C/D
彭越浦	电动机	1.4	2.8	4.5
	上推力轴承	1.4	2.8	4.5
	中间轴承	1.4	2.8	4.5
	泵	1.4	2.8	4.5
普善路	电动机	2.3	4.5	7.1
	泵上轴承	2.3	4.5	7.1
	中间轴承	4.5	7.1	11
	橡胶轴承	1.4	2.8	4.5
新和田路	电动机	2.3	4.5	7.1
	泵	2.3	4.5	7.1

（六）泵振动与运行时间的评价

1. 彭越浦泵站 1# 泵

经过对彭越浦 1# 泵的振动监测，总体上看，电动机、中间轴承和泵的振动变化的范围不是很大，虽然每次测试时具体的工况条件不尽相同，振动也呈现出一定的差异，选择的 1# 泵和 8# 泵所处的位置基本一致，即均在边上，这样同样的 2 台设备具有可比性。

对电动机振动进行分析表明，1# 泵的电动机振动比 8# 泵大，具体表现在水平振动尤为突出（水平方向为南北方向）。对垂直安装的设备来说，由于径向方向产生的作用力基本上是相等的，所以造成南北和东西向的振动有差异的原因可能是这两个方向的连接刚度不一样，南北方向的刚性比较差，相同的作用力引起的效果就不同。同时速度谱上出现电动机转频 6.25 Hz 及其谐波，明显的 2 X≥X，这是一个不对中的信号特征。由于电动机和泵本身是垂直安装，因此轴向（上下方向）振动就不是很突出。在振动加速度频谱图上还出现 100 Hz、200 Hz 的电源频率，参见前述的电动机振动频率特征，说明转子或定子存在间隙不均匀的情况，在加速度谱上还出现 883.75 Hz、1 183.75 Hz、1 800.63 Hz，这些频率估计与电动机转子条频率有关；上推力轴承也表现水平振动较大，速度谱上出现泵转频 6.25 Hz 及其谐波，明显的 2 X≥X，加速度谱上出现 1 183.13 Hz、972.5 Hz 等频率，估计它的振动是受到影响造成的，上推力轴承本身轴向和垂直（东西方向）的振动均比较小，说明该上推力轴承本身的状态还是比较好的。

两个中间径向轴承则表现垂直振动较大，且 5# 点轴承更为突出，速度谱上出现泵转频 6.25 Hz 及其谐波，叶片频率 18.75 Hz，加速度谱上出现 1 500～2 000 Hz 的频带，gSE 谱上出现泵转频 6.25 Hz 及其谐波，5# 点轴承的 gSE 谱上出现 104.375 Hz、153.75 Hz 的轴承频率，这说明 5# 点中间径向轴承的滚道上存在微小的缺陷，润滑还需要加强。

下推力轴承各方向振动表现不稳定，速度谱上叶片频率 18.75 Hz 及其 2X 明显。

从振动的总体上分析诊断，1# 泵存在不对中的情况，这个不对中包括电动机与泵有连接不对中以及电动机本身两个轴承的不同心，造成电动机振动偏高，5# 点中间径向轴承有轻微的磨损松动故障，并造成泵叶片运转偏心。

振动的趋势分析表明，总体上振动保持平稳，电动机振动在所有的测点中是最大的，但是几次的测试表明振动在一个区间里波动，并没有明显上升的趋势，依据振动标准来进行衡量其处于 C 类状态，根据振动标准"C：通常不能令人满意的长期工作的机器振动区域，一般情况可作为有限期操作直到有满意补救措施出现"。因此 1# 泵的电动机现场在运行时要加强巡检，在合适的时候进行调整，以使设备在更好的状态下运行。

上推力轴承的振动从目前的水平看主要体现在水平方向，也就是南北方向，轴向和垂直方向的振动基本上都很小，依据振动的标准该上推力轴承的振动状态处于轴承 A 类状态，可以作为长期运行。

两个中间轴承的振动在垂直方向上有一定程度的上升，依据振动标准，为 C 类状态。由于在分析过程中出现一定程度的轴承故障频率，希望现场能加强对轴承的润滑，以确保设备能长期运行。

泵上轴承基本上在几次的测试中维持一个稳定的水平，振动量级在 B 类区间。

彭越浦 1# 泵各轴承振动趋势图和频谱图如图 2-26～图 2-31 所示。

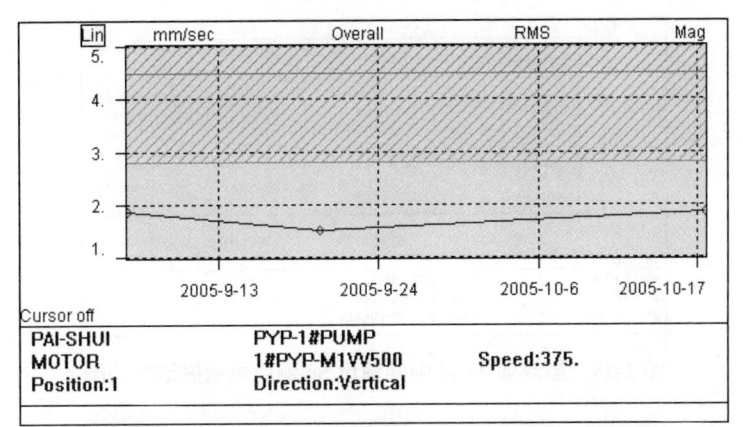

图 2-26　彭越浦 1# 泵电动机 1# 测点垂直振动趋势图

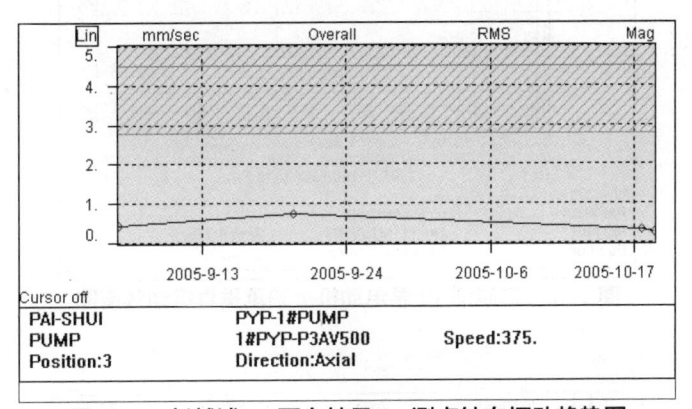

图 2-27　彭越浦 1# 泵上轴承 3# 测点轴向振动趋势图

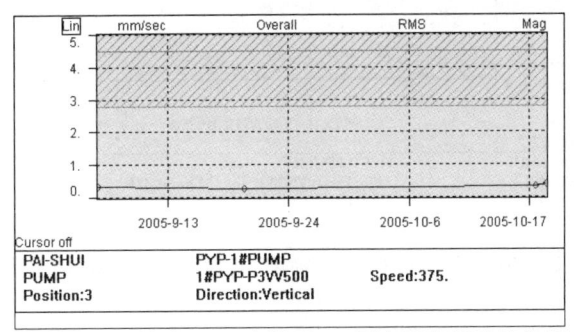

图 2-28　彭越浦 1# 泵上轴承 3# 测点垂直振动趋势图

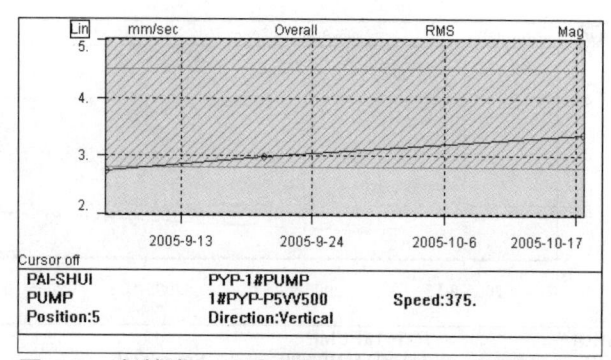

图 2-29 彭越浦 1# 泵中间轴承 5# 测点垂直振动趋势图

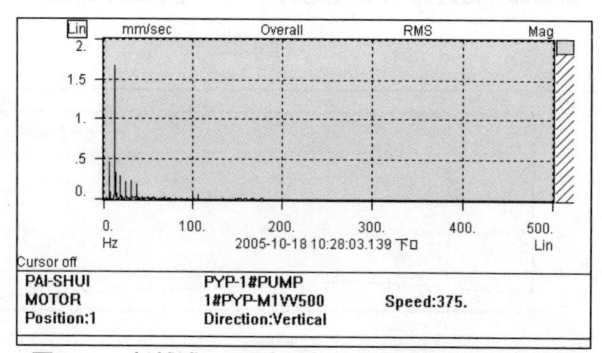

图 2-30 彭越浦 1# 泵电动机上轴承垂直振动频谱图

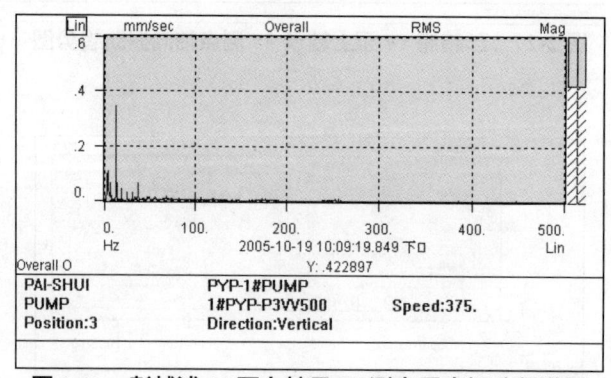

图 2-31 彭越浦 1# 泵上轴承 3# 测点垂直振动频谱图

2. 彭越浦泵站 8# 泵

电动机振动比同类型的 1# 泵小，轴向、水平振动稍大。速度谱上出现电动机转频 6.25 Hz 及其谐波，2 X≥X，还出现 235 Hz 及其 2 X，加速度谱上出现 548.75 Hz、470 Hz 以及它们的谐波，gSE 谱上出现 78.437 5 Hz 及其谐波的轴承频率。

上推力轴承则明显比 1# 泵大，表现出水平、垂直振动较大，并且其加速度值和 gSE 值是各测点中最大的。速度谱上出现泵转频 6.25 Hz 及其谐波，2 X≥X，235 Hz 及其 2 X，叶片频率 18.75 Hz 及其 2 X，gSE 谱上出现明显的 78.437 5 Hz 及其谐波的轴承频率。

中间径向轴承也表现出水平、垂直振动较大，且 4# 点轴承更为突出，速度谱上出现泵叶片频率 18.75 Hz 及其谐波，加速度谱上出现 548.75 Hz 及其谐波；4# 点轴承的 gSE 谱上出现 78.437 5 Hz 的 3 X、6 X 的轴承频率；5# 点轴承的 gSE 谱上出现 104.063 Hz、153.438 Hz 的轴承频率。

下推力轴承表现出轴向、水平振动较大，速度谱上叶片频率 18.75 Hz 及其 2X 明显。

总体上分析诊断，该泵电动机与泵有轻微的连接不对中故障，泵总体振动比 1# 泵要高，3# 点上推力轴承有磨损松动故障，4#、5# 点中间径向轴承（程度稍轻）有磨损松动故障，并造成泵叶片运转偏心。

该泵在最后一次测试后，工厂就安排进行一次大修。现场反映，该泵半年之前曾发现 3# 点上推力轴承润滑油发黑，污染严重，现场运行中有振动手感，噪声较大。

现场还反映，该泵自投入运行以来，总的运行时间在 8 台泵中是最短的，但是该泵所处的位置在水池的边侧，容易堆积垃圾和沉沙，会增加泵的运行载荷，另外泵的叶轮长期浸在污水池里，不用比使用更容易受腐蚀，所以对上推力轴承可能发生磨损故障，也就可以理解了。

从对 8# 泵的测试情况看，电动机振动要比 1# 泵的电动机振动小很多，振动的最大数值不超过 1 mm/s，因此从电动机本身的振动看其状态是非常理想的，处于 A 类状态，可以长期运行。

上推力轴承的振动状态在振动分析中已经做了分析，目前轴向、水平和垂直方向的振动均在相同的水平，相比 1# 泵的碗形轴承要高出许多，虽然绝对数值还不是很大，但是故障特征是非常明显的，设备的状态在 A 类区间，但是需要进行必要的维修，这也说明目前的振动标准还需要更多的数据进行调整。

经过对该轴承进行差拆开检查，发现轴承存在磨损松动故障，内滚道和轴已经基本没有配合，轴承和轴接触的部分有近 20 丝左右的磨痕。滚动体也存在压痕，端面部分也有明显的擦痕。

两个中间轴承的振动轴向方向比较明显（相对 1# 泵），这说明主要还是受轴承的影响，从其本身的状态看，基本状态还是比较好的，目前的设备状态在 C 类。

泵的下轴承的振动和 1# 泵基本相近，也在 B 类区间。

彭越浦 8# 泵各轴承振动趋势图和频谱图如图 2-32～图 2-40 所示。

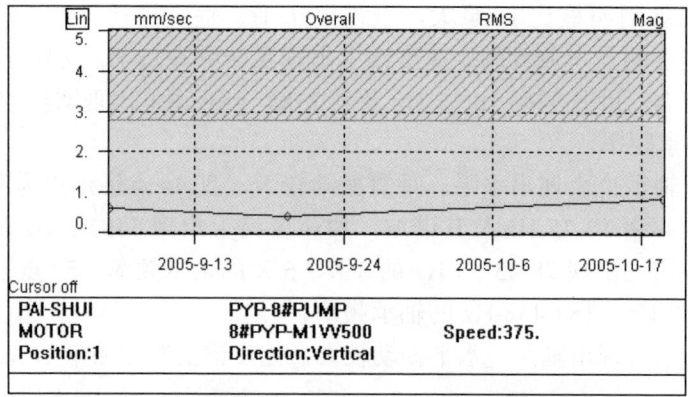

图 2-32　彭越浦 8# 泵电动机上轴承垂直振动趋势图

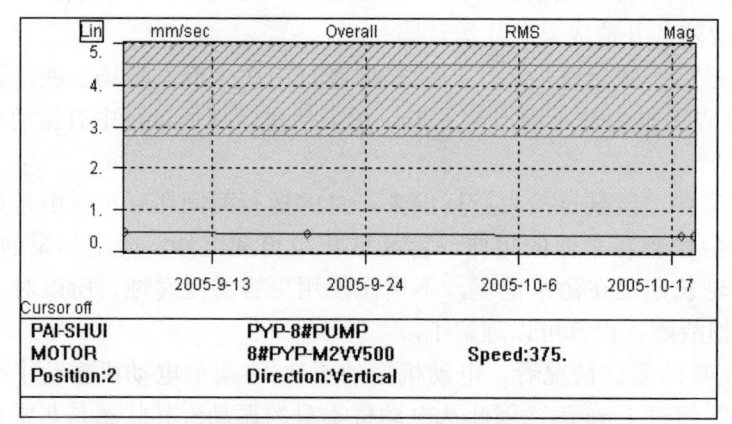

图 2-33　彭越浦 8# 泵电动机下轴承垂直振动趋势图

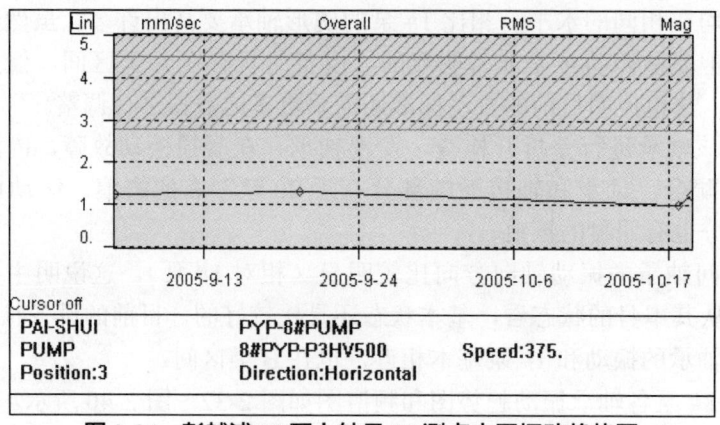

图 2-34　彭越浦 8# 泵上轴承 3# 测点水平振动趋势图

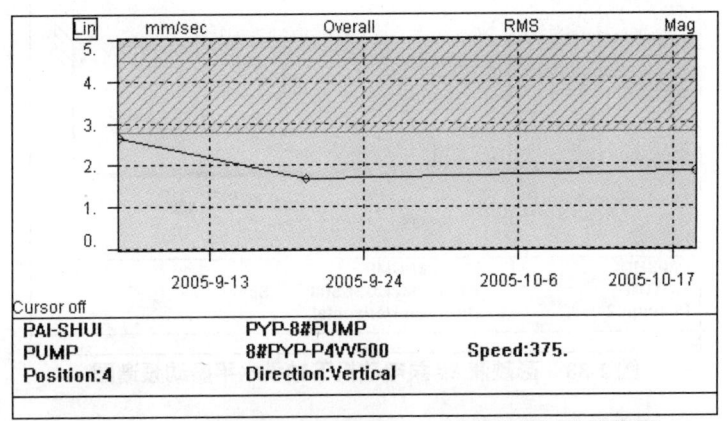

图 2-35　彭越浦 8# 泵中间轴承 4# 测点垂直振动趋势图

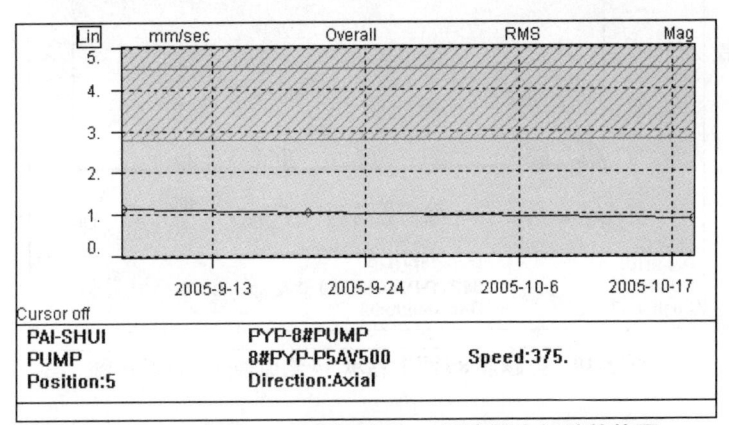

图 2-36　彭越浦 8# 泵中间轴承 5# 测点轴向振动趋势图

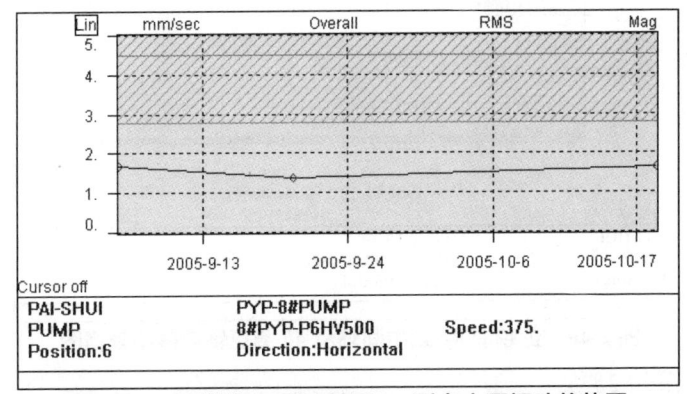

图 2-37　彭越浦 8# 泵下轴承 6# 测点水平振动趋势图

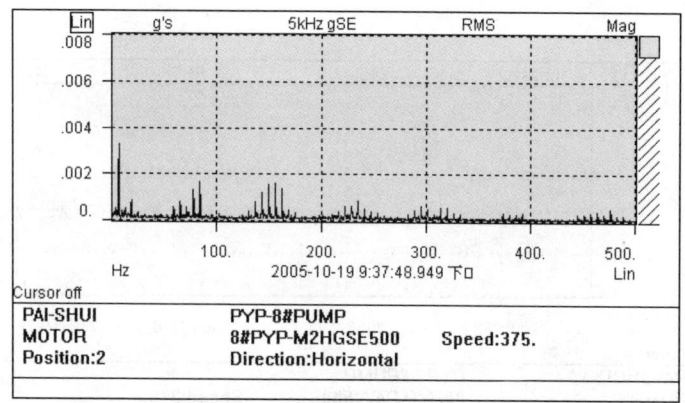

图 2-38　彭越浦 8# 泵电动机下轴承水平振动频谱图

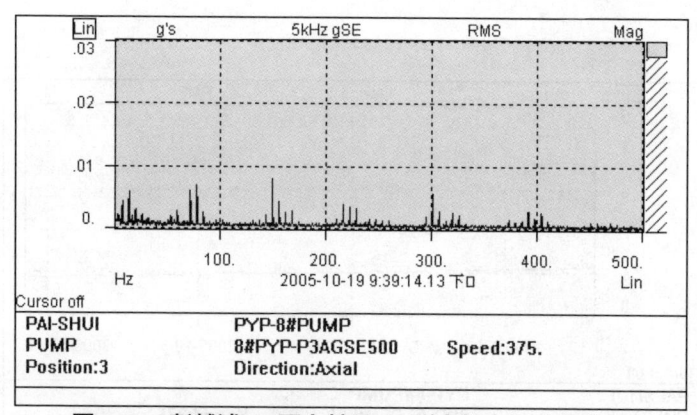

图 2-39　彭越浦 8# 泵上轴承 3# 测点轴向振动频谱图

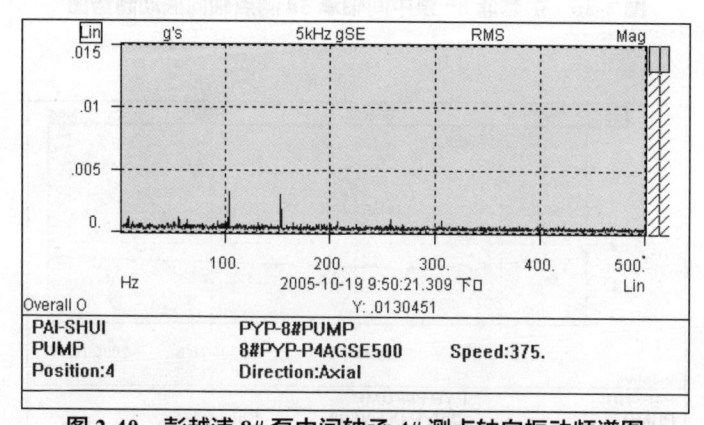

图 2-40　彭越浦 8# 泵中间轴承 4# 测点轴向振动频谱图

3. 普善路泵站 2# 泵

电动机振动比同类型的 3# 泵大，垂直振动尤为突出，1 V 测点最大振动达到

19.154 mm/s，已超标。速度谱上出现电动机转频 12.5 Hz 及其谐波，轴向振动明显的 2 X≥X，而水平、垂直振动是 X 突出，加速度谱上出现 718.25 Hz 及其 2 X，以及在 718.25 Hz 两侧以 100 Hz 为间隔的边带，这些与电动机转子条频率有关，2# 点的 gSE 谱上出现 106.875 Hz 及其谐波的轴承频率。

上推力轴承振动也表现比同类型的 3# 泵大，速度谱上出现泵转频 12.5 Hz 及其谐波，3 A 测点明显的 2 X≥X，gSE 谱上出现 106.875 Hz 及其谐波的轴承频率；

中间轴承则表现 4# 点轴承振动较大，速度谱上出现泵转频 12.5 Hz 及其 2 X、3 X，gSE 谱上出现 76.875 Hz 及其谐波的轴承频率。

总体上分析诊断，普善路泵站 2# 泵从上到下电动机与泵轴整个轴系有明显的连接不对中故障，造成电动机晃动，并造成电动机输出端、上推力轴承、中间轴承和下面的橡胶轴承有磨损松动故障。

该泵在 2005 年 10 月 18 日第 3 次到现场检测时，泵已打开检修，现场初步发现，橡胶轴承已被严重磨损。

通过对其两次的测试，电动机的振动已经远远超出振动的范围，电动机状态为 D 类。振动分析表明电动机产生周期性的晃动，同时轴向振动也比较大，因此怀疑电动机和泵轴不同心。由于从其结构看为长轴连接，如果泵轴承偏心，同样会导致另一端的跳动，并造成连轴节下推力轴承故障，长期运行会损伤轴承，因此轴承为 B 类。电动机的基础从连接的情况看，东西方向的刚性比较差，因此这个方向的振动就比较大。

泵中间轴承由于其结构的特殊性，刚性不是最好，产生的振动就相应比较大，所以振动标准就较宽松，振动分类为 C 类标准。

橡胶轴承的振动从两次的测试情况看，振动的能量目前还不大，按照振动标准为 B 类状态。但是振动的频谱出现谐波和高频成分，说明存在松动的情况，造成电动机的晃动。

普善路 2# 泵振动趋势图如图 2-41～图 2-44 所示。

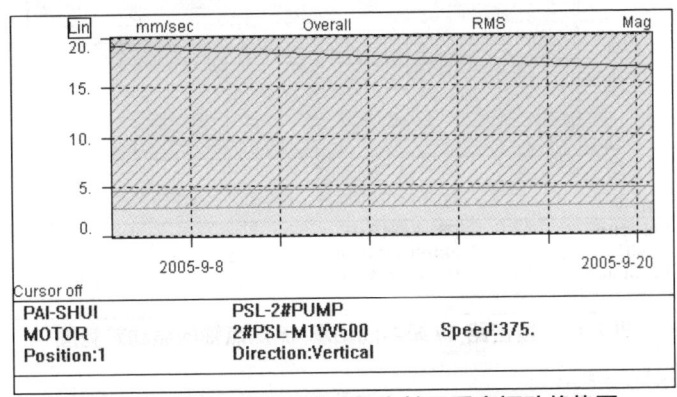

图 2-41 普善路 2# 泵电动机上轴承垂直振动趋势图

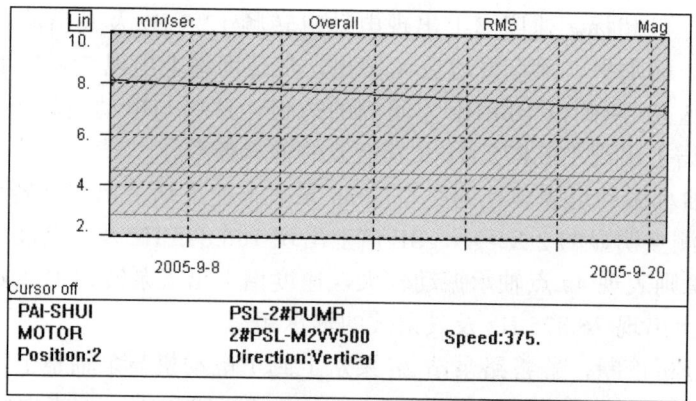

图 2-42　普善路 2# 泵电动机下轴承垂直振动趋势图

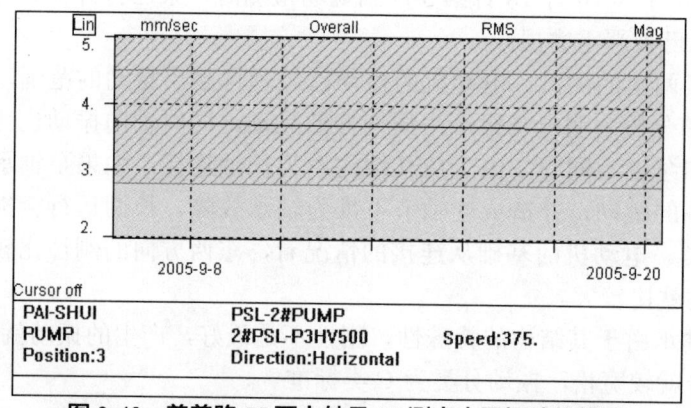

图 2-43　普善路 2# 泵上轴承 3# 测点水平振动趋势图

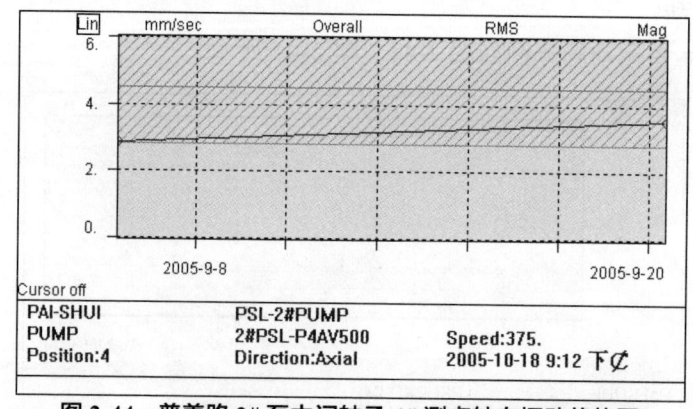

图 2-44　普善路 2# 泵中间轴承 4# 测点轴向振动趋势图

4. 普善路泵站 3# 泵

电动机振动偏高。速度谱上出现电动机转频 12.5 Hz 及其谐波，X 突出，加速度谱上出现 801.563 Hz 及其 2 X,以及在 801.563 Hz 两侧以 100 Hz 为间隔的边带,这些与电动机转子条频率有关,2# 测点的 gSE 谱上出现 106.875 Hz 及其谐波、60.937 5 Hz 及其谐波的轴承频率,但其幅值比 2# 泵要小得多;电动机存在偏心运转的迹象。

上推力轴承振动正常,速度谱上出现泵转频 12.5 Hz 及其谐波,gSE 谱上出现 106.875 Hz 及其谐波的轴承频率,但其幅值比 2# 泵要小得多。

中间轴承则表现 4# 测点轴承振动突出,尤其 4 V 达到 17.072 mm/s,速度谱上出现泵转频 12.5 Hz 及其丰富的谐波和低频,gSE 谱上出现 77.5 Hz 及其谐波的轴承频率。

总体上分析诊断,普善路泵站 3# 泵 4# 测点中间轴承有明显的磨损松动故障。

综合振动的标准,该泵电动机为 D 类、泵上轴承为 B 类、中间轴承为 C 类、橡胶轴承为 B 类。

普善路 3# 泵各轴承振动趋势图如图 2-45～图 2-49 所示。

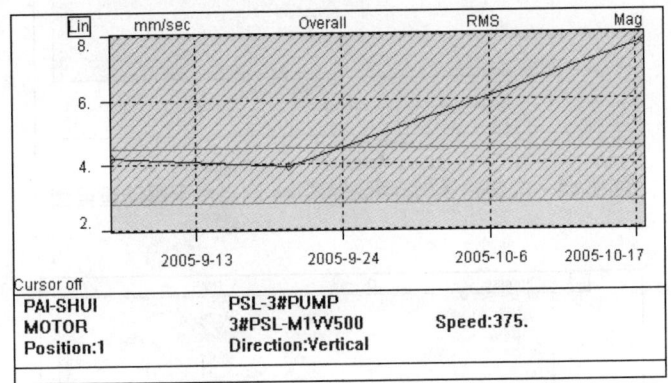

图 2-45　普善路 3# 泵电动机上轴承垂直振动趋势图

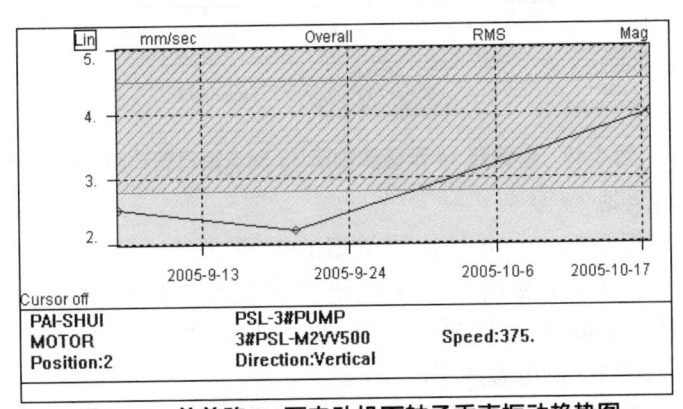

图 2-46　普善路 3# 泵电动机下轴承垂直振动趋势图

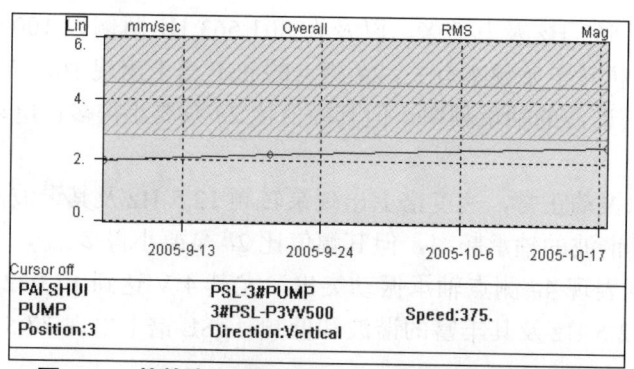

图 2-47　普善路 3# 泵上轴承 3# 测点垂直振动趋势图

图 2-48　普善路 3# 泵中间轴承 4# 测点水平振动趋势图

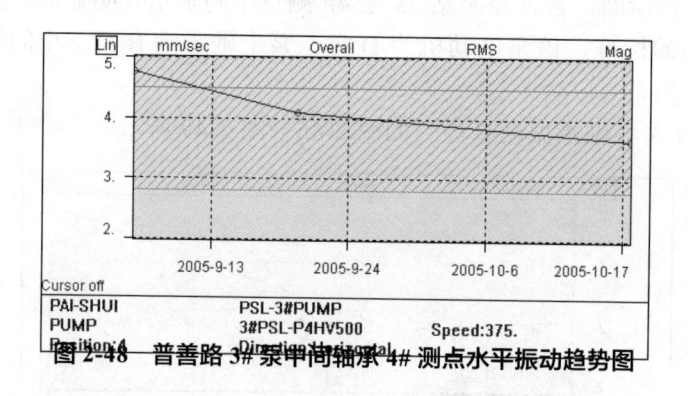

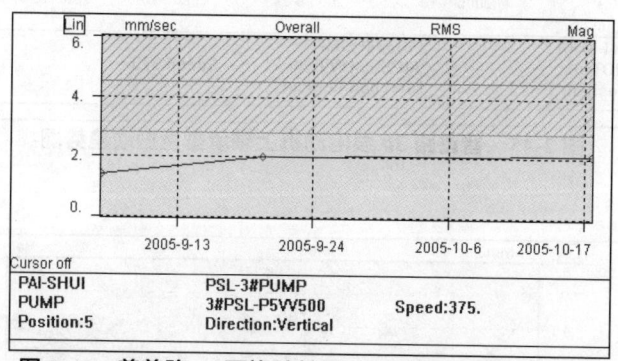

图 2-49　普善路 3# 泵橡胶轴承 5# 测点垂直振动趋势图

5. 新和田路泵站 1# 泵

电动机垂直振动较大,并且比同类型的 2# 泵要大。速度谱上出现电动机转频 10.0 Hz 及其谐波,X 突出,加速度谱上出现 917.188 Hz 及其 2 X,以及在 917.188 Hz 两侧以 100 Hz 为间隔的边带,这些与电动机转子条频率有关,gSE 谱上出现 100 Hz、200 Hz 的电源频率。

泵中间滚动轴承则表现垂直振动突出,速度谱上出现泵转频 10 Hz、叶频 30 Hz 及其谐波,gSE 谱上出现 68.437 5 Hz 及其谐波。

总体上分析诊断，新和田路泵站 1# 泵电动机振动稍大，主要的原因是电动机定转子偏心、转子导条存在缺陷。但泵振动却比 2# 泵稍小。

依据振动标准，该泵电动机为 D 类、泵为 B 类。

新和田路泵站 1# 泵上下轴承垂直振动趋势图如图 2-50 和图 2-51 所示。

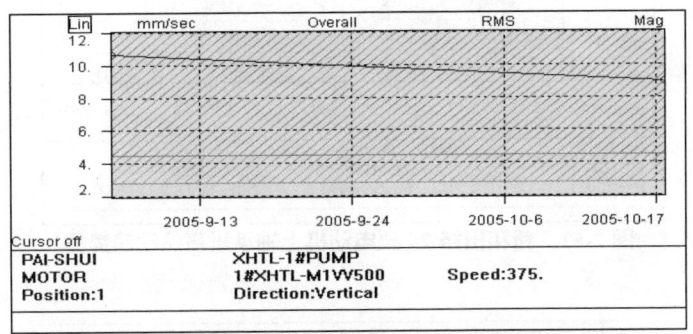

图 2-50 新和田路 1# 泵电动机上轴承垂直振动趋势图

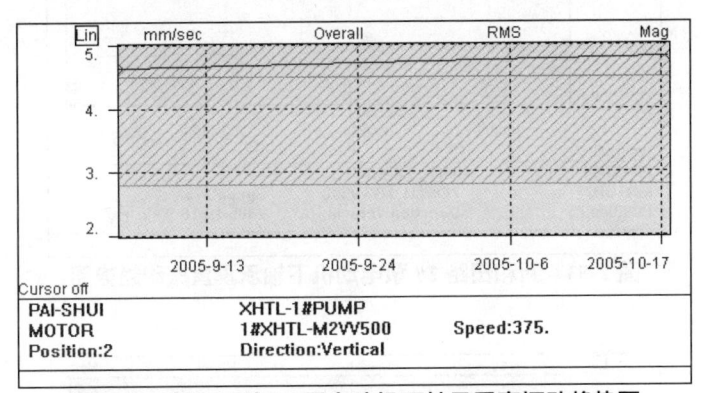

图 2-51 新和田路 1# 泵电动机下轴承垂直振动趋势图

6. 新和田路泵站 2# 泵

电动机振动正常，频谱特征与 1# 泵电动机相同。

泵中间滚动轴承则表现垂直振动突出，速度谱上出现泵转频 10 Hz，叶频 30 Hz 及其谐波，gSE 谱上出现 73.437 5 Hz 及其谐波。

总体上分析诊断，该泵电动机振动正常，泵振动却比 1# 泵稍大。

电动机和泵振动状态均为 B 类。

新和田路 2# 泵各轴承振动趋势图如图 2-52～图 2-55 所示。

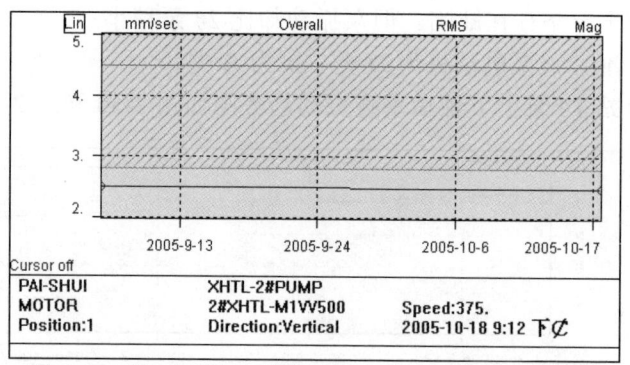

图 2-52　新和田路 2# 泵电动机上轴承垂直振动趋势图

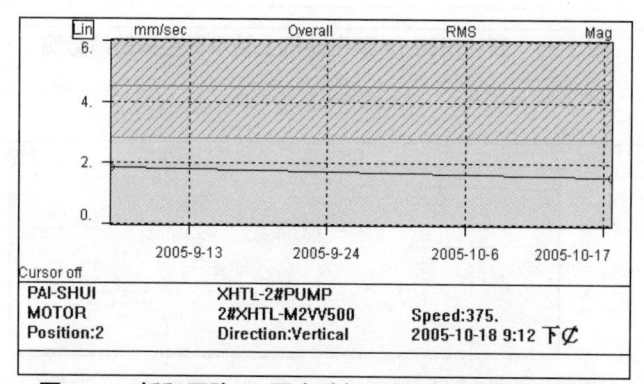

图 2-53　新和田路 2# 泵电动机下轴承垂直振动趋势图

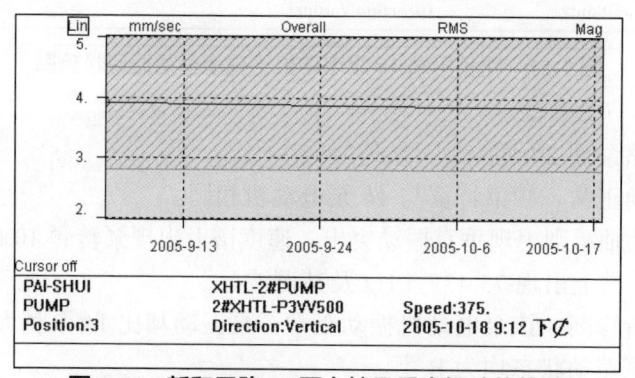

图 2-54　新和田路 2# 泵上轴承垂直振动趋势图

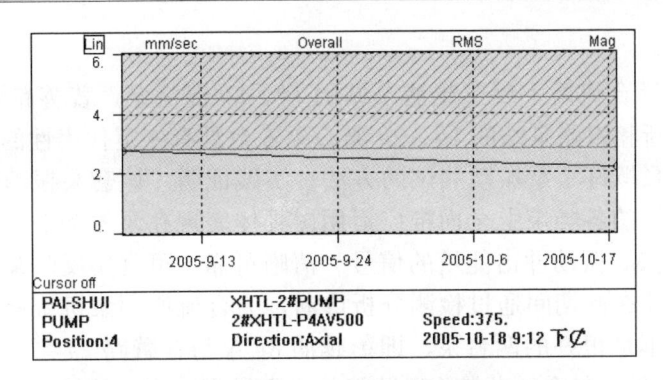

图 2-55　新和田路 2# 泵下轴承轴向振动趋势图

7. 综合设备分析

综合设备分析如表 2-5 所示。

表 2-5　综合设备分析表

区域	设备	A	B	C	D	A	B	C	D
彭越浦	—			1#				8#	
	电动机			√				√	
	上推力轴承	√					√		
	中间轴承			√				√	
	泵		√				√		
普善路	—			2#				3#	
	电动机				√				√
	泵上轴承		√				√		
	中间轴承			√				√	
	橡胶轴承		√				√		
新和田路	—			1#				2#	
	电动机				√			√	
	泵		√				√		

六、成果应用及意义

（一）经济效益与社会效益

1. 经济效益

通过对振动数据的整理，定出相关标准，从而延长水泵使用寿命，节约维修费用支出；规范合流所设备维修质量。

2. 社会效益

更好地体现泵站管理水平，提高职工对水泵设备维护的积极性和技术水平，为引入更加灵活、更具竞争性的机制打好基础。

（二）结论

本项目选择合流所下属彭越浦泵站的1#、8#混流泵，普善路泵站的2#、3#轴流泵，以及新和田路泵站的1#、2#离心泵6台具有一定代表性的大、中、小型泵，对这6台泵拟订了泵振动测试的方法。实践证明，该套泵振动监测技术可在合流所所属泵站的各类泵上全面推广运用。具体表现在泵振动信号（包括振动速度、加速度和gSE振动冲击能量的信号）清晰可靠，可真实反映泵运行时的振动特征和状态，并在此期间通过检测分析诊断，为合流所的泵机维修提供信息。其中被诊断状态不是很好的两台泵，即彭越浦8#泵与普善路2#泵，列入大修。特别是彭越浦8#泵，在检测半年前运转就一直有异声，声源处于电动机下机架和水泵上推力轴承之间，究竟是电动机还是水泵的问题，一直处于扯皮状态，众说纷纭难以下结论。通过这次检测，我们确诊了是水泵上推力轴承的故障，大修拆开仔细检查的确如此。因该损坏轴承是所有8台同类泵中运行12年来首次出现的不常见故障，而以往对其损坏一直持怀疑态度。所以通过这个课题的研究，泵振动测试分析和诊断在合流所建立了推广使用的良好基础。

合流所负责管理分布在全市的50多座排水泵站，如果采用便携式振动数据采集分析仪，对各泵站进行定期巡回检测，而后在计算机上用软件对检测到的数据进行分析，则对各泵机进行状态评价、趋势分析和故障诊断，为泵站的管理和维修提供依据，无疑会起到积极的作用。因为采取科学的方法，可打破对泵进行轮流大修（不管运行是否正常）无的放矢的状况，每年能节约相当的维修经费（彭越浦泵站的泵大修费用为18万元/台，电动机大修为12万元/台）。

本次课题研究只是采集了2个月内的数据，而大多数泵的运行寿命都已有10余年了，有些甚至更长，所以目前所具有的数据远远不够，振动的标准也只能依靠通常的标准进行，要真正掌握每台设备的实际情况还要通过长期的数据积累并进行逐步的跟踪调整，我们同时感到要想取得更好的效果，扩大对泵的监测范围、更多地采集数据样本、积累历史数据和历史资料是我们下一步需努力的方向。

第三节　潜水泵互换性研究：水泵座圈

一、立题背景和意义

上海市城市排水公司在全市区分布着300多座泵站、700余台潜水泵。该公司选取的潜水泵品牌数量较多，不同品牌之间的水泵接口、电缆、座圈等主要参数都各不相同。由于潜水泵零配件供货时间长（特别是进口水泵）、维修周期长，因此一旦某座泵站出现潜水泵故障，短时间内根本无法保证该泵站的正常运行。对于如何解决这类问题，有两种方法：①购置大量的潜水泵作为备用泵机；②采购少量的泵机，通过不同的过渡座圈解决不同型号潜水泵之间的互换问题。相对而言，第二种方法更具有现实意义。因此研究并制作潜水泵的过渡座圈作为一种应急措施是具有现实价值的。

二、研究内容和目的

本课题的研究，研究对象主要以防汛泵站的潜水泵为主，同时对泵机数量较少的泵站优先考虑。泵机由于其使用地点的水力条件、工况条件的不同，扬程、功率、流量、外径、质量、井筒形式等重要参数都存在着差异，无法实现互换使用。但是在实际过程中，我们发现该公司防汛泵站在设计时选取的潜水泵扬程基本上以河道水位为参考依据，也就是说潜水泵的扬程基本上也是一致的。同时同一品牌潜水泵的座圈形式基本相同，主要的区别在于座圈内外径的大小不同。如果能设计出用一种适用于一定口径范围内的过渡座圈，然后再考虑水泵的扬程、功率、流量等参数，就能实现潜水泵机的互换工作。因此我们考虑先制作同一品牌潜水泵的过渡座圈，实现不同型号泵机之间的互换。经过实地试验验证其可靠性后，再开发可以在不同品牌潜水泵直接互换的过渡座圈，以实现公司大部分潜水泵的互换。

研究内容主要包括以下三方面：

①对符合上述情况的泵站泵机进行数据采集，主要包括扬程、功率、流量、外径、质量、井筒形式、高度、接线形式、座圈形式、电泵保护器形式10个参数。

②对上述数据进行整理分类，并加以系统分析，从中寻找出共性，作为制作过渡座圈的数据基础。

③通过对基础数据的收集分析，对各个品牌的潜水泵分组分类，为制作互换性座圈接口提供加工参数依据。之后，制作不同规格的座圈接口，通过实地试验，论证实际效果。

三、技术分析与讨论

（一）技术关键

对防汛泵站潜水泵的扬程、功率、流量、外径、质量、井筒形式、高度、接线形式、座圈形式、电泵保护器形式10个重要参数进行分析。其中扬程、功率这两项参数直接影响泵机互换的效率，应作为首要考虑的因素。

通过数据的收集分析，对各个品牌的潜水泵分组分类，为制作互换性座圈接口提供依据。

制作不同规格的座圈接口，通过实地试验，进行论证。

（二）技术难点

在实际的制作安装过程中，也遇到了许多实际的问题。由于我们所制作的过渡座圈主要起到水泵的应急互换作用，因此对水泵各类运行参数势必造成一定的影响。参数如何取舍，是我们必须考虑的问题。扬程、功率这两项参数直接影响泵机运行的效率,是首要考虑的因素。在保证扬程不变的情况下,作为一种应急措施,水泵其他的技术参数(如流量)可以适当有所下降。换句话说,作为一种应急处置的方法,我们首先要确保泵机能正常运行,对于流量、能耗等问题都放在次要的位置。

对于不同类型的电泵保护器,虽然其显示有所区别,但实际作用是一样的。因此对于电泵保护器不相匹配的问题,我们一般依据两台互换水泵原有的电泵保护器操作手册,对其二次线路做适当的调整,以确保轴承温度、油室报警等主要功能的正常工作。

在实际安装过程中也会遇到由于泵机型号的改变导致进线电缆由粗变细的问题。此问题会导致水泵运行时存在安全隐患,因此在遇到该类问题时应做好电缆进线孔的密封工作。

座圈的强度:传统的干式水泵主要依靠螺栓固定在基座上,而潜水轴流泵则完全浸没在水泵井筒内,并依靠泵自重、井筒内的水压及水泵的轴向水推力这三种力固定在基座上。

$$G_{静态} = G_{泵自重}$$
$$G_{工作} = G_{泵自重} + G_{水压} + G_{轴向水推力}$$
$$G_{水压} = \rho_{水} g h * S$$

式中,$h \approx H_{max}$:水泵最大工作扬程;S:水泵座圈面积。

$$G_{轴向水推力} = \pi (D_{max}^2 - d^2) \rho_{水} H_{max}/4$$

式中,D_{max}:泵管段最大直径;d:轴承直径,可忽略不计;H_{max}:水泵最大工作扬程。

由此我们可以发现潜水泵在工作时所受 $G_{水压}$ 和 $G_{轴向水推力}$ 主要还是受 H_{max} 的影响。因此在制作过渡座圈时,应注意座圈的强度。

制作座圈的材质问题:普通碳素钢(Q235 A)具有中等强度,并具有良好的塑性和韧性,而且易于成形与焊接,其多用作钢筋和钢结构件,另外还用作铆钉、铁路道钉和各种机械零件(如螺栓、拉杆、连杆等)。由于首次试验(防汛抢修演练时)要用的座圈要得较急,所以,初次选择普通碳素钢为试制用材料,以方便按需要的尺寸进行剪切与拼接。

四、试验概况

(一)试验对象

由于在试验前我们进行了大量的实地测量,对所得数据进行了汇总分析后,对存在互换可行性的水泵进行了汇总。

在2013年排水公司防汛演习中,我们选取延安东路泵站作为试验对象,进行了水泵互换的应急抢险演练。延安东路潜水泵参数如表2-6所示。

表 2-6　延安东路潜水泵参数分析

泵站名称	延安东路潜水泵	备泵
型号	AMACANPB4-1200-870/39010 UTG1	700 QZ-706
扬程 /m	8	7
流量（m³/s）	3	1.255
电压 /kV	380	380
功率 /kW	380	132
水泵高度 /mm	4 000	2 935
泵身最大外径 /mm	3 650	1 097
座圈最大外径 /mm	3 650	1 063
座圈最小外径 /mm	1 086	874
电缆外径 /mm	50	40
电缆长度 /m	18	20
信号线外径 /mm	16	15
信号线芯数	10	10
信号线长度 /mm	18	20

选择延安东路泵站的潜水泵作为试验对象有以下几个原因。

①延安东路泵站是拆除原延安东路、外滩、新开河泵站所建立的下沉式泵站，其所管辖的外滩地区，特别是外滩隧道较为重要。如遇突发事件必须第一时间保证泵站的正常运行。

②我们选用的备泵在流量、功率、泵体高度、座圈内外径等方面都比延安东路原有的潜水泵小。但是扬程略小于原有潜水泵、工作电压一致，因此基本符合试验要求。

③两台水泵的电缆外径有所差别，因此在实际试验中，我们对电缆孔安装现场实际情况进行了封堵处理。

④两台水泵的电泵保护器由于生产厂家不同，存在差异。我们在试验前也根据原有操作手册，对二次线路进行了改进，确保备泵的电泵保护器能正常工作。

⑤两台水泵的电缆形式、长度，信号线长度、形式及座圈形式基本相同。

基于上述几点原因，我们选取了延安东路泵站的潜水泵作为试验对象，通过对水泵座圈的互换，已达到潜水轴流泵应急互换的效果。

（二）分析测试项目

1. 应急座圈的试制

根据两台水泵的实际测量参数，并经过计算，我们制作了外径 1 360 mm、内径 930 mm、厚度 80 mm 的钢制（普通碳素钢）应急座圈。通过钢丝绳将座圈与泵体连接起来，便于备泵的安装。

2. 强度校核

座圈材质：普通碳素钢；厚度：80 mm。

从《<压力容器>标准释义》（GB 150.1～150.4—2011）中查阅可知，普通碳素钢的许用应力 [σ] 为 113 MPa，屈服强度 [σ_s] 为 235 MPa，一般许用应力 [σ]= 屈服强度 [σ_s]/ 安全系数，安全系数按 2.0 考虑。

从《机械设计计算手册》中可查，对于钢类塑性材料，许用剪应力 [τ] 为 67.8 MPa。

（1）静态载荷

在静态时，计算水泵泵体质量对于座圈的承载。

水泵泵体位于座圈内环中，再与座圈一并安装于井筒内，井筒底部原座环强度无须校验。针对座圈的强度校核分析如下：

泵体质量对于座圈形成竖直向剪力，对于整个座圈结构形式而言，最薄弱处为泵体与座圈的斜结合面处，只要这一截面处剪应力能满足材料力学要求，则其他部位均能满足。

泵体与座圈内环斜面吻合接触，对于斜面作用力可近似为是在均匀荷载情况下，亦即可集中于中性面进行校验分析。

截面 $A=\pi Dh=\pi*954\times40\times10^{-6}=119.82\times10^{-3}$（m²），

[τ]$_{静实}$=2.35×9.8/（119.82×10^{-3}）=0.19 MPa=67.8 MPa（[τ]$_{许用剪应力}$）。

静态时，实际剪应力远小于许用剪应力，可进一步核算动态载荷。

（2）动态载荷

水泵在开泵时的动态载荷情况（忽略泵体在水中的浮力）如下：

井筒内水重 $G=\pi*1.4^2\times5.937\times1\,000/4=9.13$（t），轴向水推力相当于井筒内水重。

[τ]$_{动实}$=（2.35+9.13×2）×9.8/（119.82×10^{-3}）=1.69（MPa）= 67.8 MPa。

从数据可知，座圈动态时所受剪应力仍是远小于许用剪应力。

理论校核结论：此座圈材质与设计尺寸，均可满足所选备用泵与实际工况的开车动态载荷，并且安全余量相当充分，以进一步保证座圈的安全可靠性能。

3. 安装试验及运行状况

装好座圈之后的试车电流约为 240 A，基本为额定电流的 90%，可以认为是正常合理的；对于流量问题，因无管道流量计精确计量，所以仅用集水井井内水位降低情况予以说明。

实验证明，开车历时 5 min，水位降低还是较显著的，安装好座圈之后的水泵的降水情况是有效的。后通过大致测算，流量约为 1 m³/s。

在备泵运行过程中，泵体本身运行稳定，无剧烈摇晃情况发生。试验结束后，该过渡座圈也没有产生变形或开裂等情况。水泵启动后前池水位明显下降，出水较为平稳。泵体没有产生较为剧烈的摇晃,且无任何异响声音。

五、试验结果

通过延安东路泵站备泵替换试验,我们基本可以得出以下两个结论:

①经过计算并制作出的过渡座圈可以适用于该台备泵。

②所选择的备泵在非最佳工况条件下(确保扬程、流量、功率),基本处于正常运行状态。在应急状况下能起到确保泵站输送、减少辖区内积水情况发生的作用。

六、结论与建议

本课题以潜水泵的十个主要参数为基础,对水泵的互换性应用进行研究。通过研究发现,潜水泵的互换涉及很多的因素,不可能通过改变水泵座圈等方法解决任何直径水泵之间的互换。只有在一定范围内,使水泵在非最佳工况的情况下运行,才能达到应急互换的效果。我们以扬程、功率、泵体外径为主,其余参数为辅,通过改变潜水泵座圈的方法,实现了一定范围内的水泵应急互换。

但在整个研究过程中我们也发现了电泵保护器、电缆直径等差异性问题,对水泵应急互换的影响较大;建议通过模块化设计研制万用型电泵保护器,以提高应急效果。

第四节　自泄压式盖板

一、背景

上海市城市排水公司所辖泵站的进、出水闸门井走道盖板,目前绝大多数是选用玻璃钢材质的,少量为混凝土预制盖板。混凝土预制盖板笨重,打开移动不方便,但井下有超正常压力时,仍会将板局部顶开或移动,形成孔洞,有坠落井下的极大安全隐患存在;玻璃钢网格盖板虽轻便,但易风化脆化,作为人行走道板断裂的可能性大,且一般不固定于基础之上,易被气压或水流冲开或冲走,又形成隐患极大的孔洞。并且,由于玻璃钢材质的走道盖板在室外长期遭受太阳的暴晒以及腐蚀性气体影响,部分会出现不同程度的老化破损、下沉弯曲变形、承载力普遍下降的现象,而且盖板安装在井口处未加固定,如遇特殊情况(水位上涌、气流冲击)无法避免造成盖板产生位移或坠落井内,威胁到泵站操作员工的人身安全与设备的正常运行,这是一个较为严重的潜在的安全事故隐患。同时,一般的盖板气密性不足,易将雨污水中漫溢出的臭气和有害气体泄出散发,影响周边环境。

二、结构组成及主要特点

为了确保泵站操作员工的人身安全与设备的正常运行,根据不同类型泵站实际运行情况，我们自主设计研究制作了一种自泄压式不锈钢走道盖板，该装置可成功地解决上述问题。

自泄压式不锈钢走道盖板利用不锈钢栅条竖向放置纵横交错结构布置成一网格状式平板，条与条之间施焊固定而成，使其具有足够的强度与稳定度，能承受行人重量。网格状平板上敷设一不锈钢花纹板，四周利用橡胶密封处理，能有效防止腐蚀性气体的外泄散发。平板四角位置预留固定用的螺孔位置，能将平板固定于基础框架之上。在上层花纹板中间开设一方形孔，切割下来的方形花纹板仍正好能盖于孔内，方形花纹板四角各设一根不锈钢光杆（但尾部有螺纹），光杆穿在固定于网格状平板的活套之中，螺纹处用螺母坚固，方形板则可上下活动，而螺母可调节方形板的上下滑动行程，能够适应不同开度要求的场所使用。

与现有技术相比，该形式盖板的有益效果是，解决了由于突发情况（水位上涌、气流冲击）造成的走道盖板位移或坠落井内时井口敞开一孔洞而无防护的巨大安全隐患问题，同时也有效地防止了有毒有害气体泄漏时对周边环境的影响；可以释放井内压力，如气压或水压力超过可上下滑动方形板的重力时，方形板被向上顶开，从而避免其他安全隐患或二次事故发生；不锈钢材质，耐腐蚀性强，使用时间长；网格状结构，承受力强，保障行人安全；盖板与框架基础分体式制作、整体式安装，安装、拆卸简便，并且密封性能好，可防止有害气体外漏。

自泄压式盖板的主要特点总结如下：

①不锈钢材质，耐腐蚀性强，经久耐用。

②网格状结构，高承载力，一体式布置，安装/拆卸简便。

③利用橡胶密封，有效防止臭气外泄，且有缓冲作用，防止金属间的硬性碰击异声。

④类似于泄压阀功能，超压时内板可被顶升上一行程，以有效释放事故水压、气压，不致事故继续扩大，且行程高低可调整。当恢复常态压力时，即可自行复位。

三、实际应用情况

自泄压形式盖板已申请国家专利（专利号为：201521050830.1），取得专利证书，且已应用于泵站内原盖板的更新改造项目中，应用效果良好。

解决的难题如下：

①常规盖板在井下超高压时会被顶开和移位，易形成深井孔洞，给操作人员造成跌落坠入的安全隐患；

②水泥盖板重而打开/关闭不便，玻璃钢板由于太软、易风化脆化，人走在上面有断裂而掉落的安全隐患；

③一般盖板气密性不够，易漫溢出臭气，影响周边环境。

第五节　不锈钢浮箱拍门的标准化研究

一、课题研究的意义和背景

污水、雨水输送系统的水泵出水止回装置，早先皆是配置铸铁拍门，因铸铁拍门较易出现破裂事故，后改用进口橡胶柔性止回阀，而橡胶柔性止回阀又易缩进内腔，所以目前较多污水、雨水输送系统的水泵出水止回装置已改用不锈钢浮箱拍门，该拍门解决了铸铁拍门易碎、橡胶柔性止回阀易缩进内腔的难题。

但目前市场上使用的不锈钢浮箱拍门生产厂家众多，产品形式和规格皆不相同，而且不可避免地会出现漏水、门盖脱落等问题。为从根本上解决此类问题，需分析问题原因，再对症下药，对不锈钢浮箱拍门进行相关的问题研究，对一些关键点进行标准化研究，杜绝漏水、门盖脱落事故的发生。

二、拍门技术简介

（一）拍门的结构组成

城市雨水一般就近排入河道，在平原地区，因雨水管道所埋深度往往低于正常水位，故常在河道雨水管终端设置泵站，将雨水抽升后排入河道。此类泵站，一般扬程低、流量大，故选用立式轴流泵较为适宜。为防止河水倒灌，应在泵出水口处设置拍门，但当汛期河水水位很高时，拍门淹没水深较大，停泵时拍门会长时间拍击不止。大型拍门拍击力较大，长时间拍击会影响泵房结构安全。

为了适应轴流泵的功率特性和防止过高的反转飞逸转速，设计泵装置时，要考虑机组启动过程不出现超过电动机允许的功率，以便使机组在预定时间内进入稳定运行状态。另外，当电动机突然失电后能快速隔离水流，防止水倒流引起过高的反转飞逸转速。能够满足这些要求的工程措施主要有以下三种。①在轴流泵出口配虹吸式出水流道，这种类型适用于各种口径和容量的轴流泵站。②在出水流道出口设置快速闸门。为了提高运行的可靠性和降低快速闸门控制系统的设备费用，在闸门面板上按起动机组不超载的要求开泄流孔，并在孔外装设小拍门，机组启动，管内水压达到一定值即自动冲开小拍门，然后用普通的启门速度将闸门吊起，从而减小出水阻力，使机组进入稳定运行状态。当机组失去驱动力后，及时释放闸门，在自重作用下快速关闭，防止高水倒流。这种类型适用于大型轴流泵站。③在出水流道出口装设拍门。机组启动管内水压达到一定值后自动冲开拍门，机组进入稳定运行工况。机组失去驱动力后，拍门在自重和水力作用下关闭。

（二）现有问题的研究分析

漏水问题：

①门盖与门框密封面出厂前就有缝隙；

②密封圈材质选用不合理，密封圈脱落或破损；

③门盖用料强度不够，使用过程中产生形变；

④门盖内部筋板焊接不牢固；

⑤密封面有垃圾；

⑥拍门外部无水压，门框上端密封面顶住门盖；

⑦拍门内腔注水不合理，门盖注水后比重应在 $1.1\sim1.2$ t/m^3；

⑧拍门安装螺栓松动，法兰密封面漏水。

门盖脱落问题：

①门框或门盖的耳攀用料单薄，焊接强度不够，焊缝断裂；

②门框与门盖的连接销轴断裂，销轴松脱，销轴固定的开口销磨损或脱落。

三、结论及建议

泵站的断流方式对泵站的结构类型、工程投资、泵站安全运行和维护管理等都有极大的影响，因此设计时必须根据具体情况，进行理论分析、科学试验和经济比较，选择最优的断流方式。泵站拍门破坏的原因，是根据现场调查和理论分析而得出的，需要组织必要的现场测试，以进一步充实这方面的研究。

通过对不锈钢浮箱拍门的结构研究，对当前所使用的浮箱拍门的失效情况提出整改意见，会同制造企业逐步提高拍门的质量。

第六节 潜水泵拆装专用吊具

一、背景和意义

在水务行业的泵站内，行车吊钩的起升高度一般在地平面之上 $8\sim10$ m，但是潜水泵的安装深度可达井下 8 m。链条的下方拴住泵体顶部，上方固定于人员可触碰到的某处。这样在需要维修拆泵时，行车吊钩挂住链条上方，就可将泵体吊出。但是往往由于行车高度小于起吊链长度而无法一次性完成。

一般情况下，解决此类问题的方法是：①渐吊法。在链条（或原厂钢构杆件）的中间部分增加几个转接吊孔，将泵体起吊至行车行程上限，在池口横一根横旦，将泵体临时搁至于横旦之上。之后放下行车吊钩，将吊钩钩住转接吊孔，以此多次转接将泵体吊至地面。安装过程与之相反。②直吊法。由潜水员配合下至井内进行人工挂/卸行车吊钩，可以一次性吊出/安装潜水泵。

至今，上海市城市排水公司的潜水泵数量已多达几百台次，起吊方式却都不一，有潜水员配合挂/卸吊钩的，有钢构杆件式的，有链条式的等。各种方式存在的问题有：人员挂/卸吊钩的安全风险大，成本高；钢构杆件式的年久失修，腐蚀严重，没有配件；链条（或钢构杆件）需多次中间挂靠转接，耗时耗力，安全隐患大。所以设想能设计与试制出一个专用起吊装置（发明专利号：201310232150.0），既能避免上述问题，又能安全快速地完成潜水泵的拆装。

二、专用吊具（承重 5 t）试制与校验

（一）材质选取与力学性能参数

普通碳素钢具有中等强度，并具有良好的塑性和韧性，多用作钢结构件，另可以用作各种机械零件（如螺栓、拉杆、连杆等）。所以，初次选择普通碳素钢为试制用材料，假设的吊具能承受 5 t 载荷，则在实际制作中可以选取高强度材料或通过材料处理工艺进行制造，这样可进一步提升安全系数，最终以确保吊具实质安全。

从《〈压力容器〉标准释义》中查阅可知，普通碳素钢的许用应力 $[\sigma]$ 为 113 MPa，屈服强度 $[\sigma_s]$ 为 235 MPa，一般许用应力 $[\sigma]$ = 屈服强度 $[\sigma_s]$/安全系数，此处的安全系数暂以 2.0 考虑。

（二）理论校核

针对此吊具的结构形式，其工作载荷力集中处为上吊孔（与行车吊钩挂接处）和下吊孔（卡槽底部孔及卡住链条时的单侧面）。校核主要针对上吊孔和卡槽底部孔的应力校核。

参阅《起重机械销孔和吊耳的计算与比较》一文中的有关知识内容，可以将本吊具的上下两处吊孔认为吊耳形式进行校核，如图 2-56 所示。

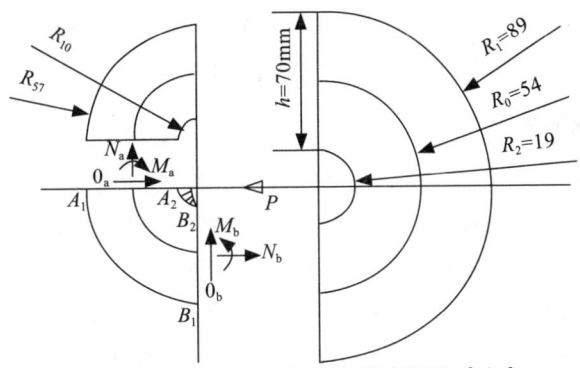

图 2-56 上吊孔（右）和卡槽底部孔（左）

根据结构受力的特点，载荷分布有如下假定：

以集中载荷的形式作用在孔壁上，适用于轴和孔的刚度较大且配合间隙很大的结构中。吊耳耳孔属于这种类型，其耳孔的载荷分布如图 2-56 的右侧部分，以线性分布规律作用在孔壁之上，耳孔承受的载荷为集中力。水平截面 A_1-A_2 和垂直截

面 B_1-B_2 是危险截面，受力分布为图 2-56 的左下部分。根据结构和受力的对称性，可知危险截面处的内力计算公式如下：

A_1-A_2 截面：$M_a = PR_0/\pi = 0.318\,PR_0$；$N_a = 0$
B_1-B_2 截面：$M_b = (1/\pi - 1/2)PR_0 = -0.182\,PR_0$；$N_b = P/2$

据材料力学知识，截面上任一点正应力为 $\sigma = N/A + M/S \times y/\rho$，其中 S 为截面与中性轴的静矩，y 为计算点到中性轴的距离，ρ 为计算点到曲率中心的距离。

针对吊具的上吊孔与卡槽底部孔，利用上述公式可以分别计算危险点 A_1、A_2、B_1、B_2 四点处的内力情况，具体数值如表 2-7 所示。

表 2-7 各危险点计算数据

数值 /MPa	σ_{A_1}	σ_{A_2}	σ_{B_1}	σ_{B_2}
上孔	39.63	20.81	16.75	21.8
卡槽底部孔	31.23	11.04	25.72	36.72

从表 2-7 得出，最危险点为上孔的 A_1 点，实际应力 $[\sigma]$=39.63 MPa ＜ 113 MPa（$[\sigma]_{许用剪应力}$），对于原来安全系数 2.0 的前提下，相当于提升至 5.93（235MPa/39.63 MPa）倍，这样安全余量充裕。

（三）软件校验

利用 SolidWorks 2010 中所附带的 SimulationXpress 简易的初步应力分析工具去模拟校核上下两孔横截断面处所受拉应力变形与卡槽处的弯矩变形，将微观变形状态通过有限元量化放大，使直观可见。并且，通过校核模拟后，还会显示部件的临界区域以及各区域的安全级别。

本吊具的软件模拟试验为两部分，仅针对文中理论校核的上下两孔处。从利用软件校核的结果来看，标出的超强度位置较少，并且均小于普通碳素钢的屈服强度值 220.594 MPa，所以能满足 5 t 的起重要求。

三、结论与效益分析

通过理论计算与软件校核后，均得出吊具材料选取普通碳素钢时便可达到安全要求。在实际制作中，若选取高强度钢材或进行锻造处理工艺后，则安全系数更高，以进一步确保吊具工作的安全、可靠与高效。

该专用吊具的使用大大提高了拆装潜水泵工作的安全系数，同时提高了工作效率，降低了工作强度：以 15 kW 功率的潜水泵为例进行测试，可以将原来 1 个多小时的拆装过程缩短至 10 min 左右；节约维修成本费用：免去外请潜水员配合费及进口吊装专用装置购置费。该吊具属于无须维护型，可在恶劣环境场所下长期使用，只要不超负荷起吊泵体，无须维护保养费用。该吊具的应用成功，会进一步引导与激发员工们的创造积极性，发明更多可以应用于工作中的实用性装置或提出更多先进操作法，降本增效，带来更多的实际效益。

第七节 格栅定位系统

一、背景情况

在水务行业的泵站内，为了除去河水与管道内的漂浮垃圾和污物，以保障输送水设备不受垃圾拥堵而损坏，在泵站进水口后的集水井内往往装有格栅除污机类设备来实施清除污物。而对于多渠道的大型泵站来说，为了节省设备的初期投资费用，一般均是安装可移动式格栅除污机来实现的，即利用一个含有除污机构的可移动式机头（水上部分），在敷设于集水井口侧的两根钢导轨上来回移动至各个不同仓位处，再下行至格栅片组上（水下部分）进行逐仓清捞污物。一般小于4个仓位数的，用一套移动机头；大于4个仓位数的，亦可用两套移动机头。而对于移动至各个仓位后的定位装置，原来是通过一个电动插销或丝杆来实现的，以保证移动机头准确定位于仓位后，机架上的插销或丝杆可以正常插入各仓位已预留好的孔洞口内，得到一个确认信号，使除污斗运行的上下导轨对齐，能顺利下行至集水井下的格栅片组上进行清污工作。但是，由于移动式格栅除污机是处于集水井上方的，总存在大量的腐蚀性气体，致使电动插销或丝杆常被锈蚀，电磁衔铁或丝杆电动机失效，维修频率很高。并且，随着运行方对于设备自身自动化能力要求的提高，原来的定位装置已不能满足自动定位、分辨仓位、结构简易、低维修率等自动化功能的要求。

二、定位系统和辨别仓位方法

移动式格栅除污机定位系统的作用就是要使得移动机架上的上导轨与水下格栅片组上的下导轨准确对准，以使移动式格栅除污机的除污耙斗（除污斗小车）可以顺利下行至井下去除污。在现有的全自动控制系统的基础之上，通过用IP68的接近开关替代原来电动插销或丝杆的功能，完全可以解决现有技术的难题。

定位系统包含：轨道，其平行设置于若干集水井仓位排列方向，移动式格栅除污机设置于轨道上并沿轨道运动；若干定位装置，其沿若干集水井仓位排列方向平行设置于轨道旁，每个定位装置分别对应于一个集水井仓位设置；定位触发装置，其设置于移动式格栅除污机靠近定位装置的一侧，当定位触发装置对准需除污的集水井仓位所对应的定位装置时，则触发移动式格栅除污机的移动电动机停止。

辨别仓位的方法特点：设定需除污的集水井仓位；移动式格栅除污机滑动过程中，定位触发装置检测对准需除污的集水井仓位所对应的定位装置；定位触发装置触发移动式格栅除污机的移动电动机停止，定位移动式格栅除污机于需除污的集水井仓位所在位置。每个定位装置设定唯一的识别编码；进行定位时，定位触发装置接收设定需除污的集水井仓位所对应的定位装置的识别编码，定位触发装置遍历定位装置，检测每个当前时刻对准的定位装置所设定的识别编码，当检测得到的识别编码与接收的识别编码相同则判定已对准需除污的集水井仓位及其对应的定位装置。上述定位装置的识别编码可采用 8421 码值设定。

格栅定位系统和辨别仓位方法与现有技术相比，其优点在于，采用 IP68 接近开关替代原来的电动插销或丝杆，通过接近开关触发移动式格栅除污机的启停，特别适用于大于或等于 4 个仓位的移动式格栅除污机的设计和控制，实现移动式格栅除污机对仓位的自动定位，提高设备自身自动化能力；接近开关的外部套设有不锈钢的外壳，防止清污工作中受到腐蚀性气体的侵蚀，解决现有技术电动插销或丝杆常被锈蚀、电磁衔铁或丝杆电动机失效、维修频率高的问题。

三、实际应用

格栅定位系统与辨别仓位的方法已在机修安装分公司生产的移动式格栅除污机上成功应用，如大柏树泵站、浦东北路泵站、龙华机场泵站等。以 4 个集水井仓位为例：定位装置内分设 5 个接近开关，安装在一个不锈钢的盒子内，下铣出一根长槽可分别固定 5 个接近开关，从右至左分别对应一至四号接近开关，第 5 个作为一个确认信号，盒子安装于移动机架上。每个仓位的地面上分设各个仓位的触发装置，由固定螺栓对应于仓位信号与确认信号。当检测到仓位信号与确认信号后，可认为移动机架已对准下部导轨，除污机可以继续工作，否则停止及发出报警信号。当小于或等于 4 个仓位时，每仓位的触发装置上固定有 2 个螺栓，一个为仓位数信号，用于区分各个不同的仓位号，可以为控制系统用于选仓功能操作；另一个为仓位确认信号，用于表示仓位信号再确认，可以进行下一步工作。当多于 4 个仓位时，可以对接近开关进行编码形式区分，分别对应 5～10 仓位，类似于 8421 码制的形式，编制成 5～10 仓位的对应码制。当有大于 10 仓位的情况时，也可将接近开关用于分别对应 8421 码制编码，到最大数 15 仓位。

第八节　图像处理技术在移动式格栅除污机智能控制中的模拟应用研究

一、背景情况

当今的大中型雨污水泵站内一般均安装有移动式格栅除污机，其利用单个可移动式除污机头进行移动除污的效果深受好评。泵站内传统的自动控制方式是在格栅井前后各设超声波液位计，测量格栅前后的液位值，控制系统通过判断液位差值触发其除污动作，但自动除污过程为：不管各仓位的栅片上污物的多少，移动机架均要逐仓进行除污一次（或几次），直至最后一个仓位除污完毕后自动回复至初始仓位，一般整个除污过程的周期时间会达半小时以上。这样既费时、费电，又增加了设备的使用率，加快了设备的损坏与维修，加速了设备的折旧与报废。而且，超声波液位计应用于污水行业中有其自身的缺陷，其不适用于测量有气泡及悬浮物的介质，而在泵站内的污水成分复杂，夹杂有大量的污物、油脂等漂浮物，并且水流流速快，对于超声波信号的扰动很大，常会引起数据的跳跃或偏差，所以一般不利用超声波信号直接去自动控制设备，而仅用作水位情况的监视。有文献资料表明，为保证控制可靠运行，需定期对超声波液位计进行维护和校正。

在此种状况之下，有必要去研究一种方法、装置或系统，以解决上述问题。

二、模拟试验

针对上述中的除污过程，试制了一套模拟试验系统，首先在实验室里进行小试，以解决图像处理技术在此类污物图片处理中的应用问题，待试验数据结果证明可行之后，再进一步进行实验室类比或实地试验。

（一）组成器件

摄像机：卡孔彩色CCD相机，Model：VC-423 A；

视频采集卡：海康威视，Model：DS-4004 HC（R）；

水槽：1 150 cm×30 cm×28 cm（长×宽×高）；

栅片组：栅条尺寸为30 mm×4 mm×320 mm，栅条间隙为20 mm；

小潜水泵：交流220 V鱼缸用小型潜水泵；

污染物：塑料马夹袋、抹布及一些其他杂物。

待开启潜水泵，水流迎向栅片正向流动，带动污物靠近甚至贴在栅片之上，同时，摄像机每间隔一定周期拍下图像，通过模拟系统拍摄了7幅图像，包括有污水调整图像（摄像头调整固定位置）1幅，加水后的无污物初始图像2幅、有污物污染程度（轻度、中度、高度、重度）不同的图像4幅。

（二）图像处理方法

本文所采用的Matlab的版本为R2007 a。图像处理工具箱以数字图像处理理论为基础，用Matlab语言构造得到的一系列用于图像数据显示与处理的M文件，并且可以查看或改进这些M文件的代码。

针对上述7幅图像应用数字图像处理的相关技术进行处理，将污物从有污物的图像中分离，并计算出面积，用以后序判断。首先对采集的图像进行预处理工作以便减少对后序处理过程的影响。其次，再进行目标物（污物）的提取、统计。设想方案有2个：方案一：先分割后差分。先对各幅图像进行目标提取（分割处理），提取出感兴趣部分，然后进行差分（减背景）处理，再计算污物面积，超过预设值即发出除污信号。方案二：先差分后分割。直接将有污物图像与背景图像进行差分（减背景）操作，再对得到的差分后图像进行分割处理（二值化等方法），计算其污物面积。通过试验后得出，应用方案一中的算法选取的阈值对图像分割后再进行差分，操作效果较好，基本可以将重度污染物提取出来；而应用方案二直接先与背景图像进行差分处理，计算效果也较好，基本可将重度污染物提取出来。

三、试验结果

本文研究了图像处理技术在移动式格栅除污机智能控制中的模拟应用，主要内容涉及图像的预处理、图像的差分、图像的分割（二值化），将污物从背景图像中提取出来，计算面积，再将得到的面积与预设值比较，判断出在栅片上污物的大致污染程度，最后确定是否需要进行除污工作。通过对图像基础知识的了解与学习，并且利用模拟系统进行较简单的试验工作，我们得到如下结论：

①通过一系列的图像处理技术或方法，可以将不同污物较明显地提取出来，并且对此类图像进行先差分后分割要略优于先分割后差分的方法，在下一步的实验中有指导运用的可行性。

②此试验效果仅代表实验室中的小试结果，与泵站实地情况差别较大，有其局限性，如集水井内的光照度白天与黑夜差别较大，运行水位高低对固定摄像机拍到的照片中感兴趣部分（污物）面积的影响等因素。这在进一步的类比性试验或实地试验中均应考虑周全。

图像处理技术在医疗器械、航空航天、多媒体技术等很多领域的发展过程中都起到了举足轻重的作用。而在市政工程的雨污水处理行业内，研究与应用极少。希望在不久的将来，人们能将图像处理技术应用于移动式格栅除污机的控制系统中。

第三章 新型技术的应用实例

第一节 调蓄池技术

一、苏州河沿岸防汛泵站调蓄池运行方案研究

（一）调蓄池运行方案研究的背景及意义

1. 研究的背景

初期雨水携带了大量来源于地表、城市污水及排水管道沉积的污染物质，致使在城市点源污染被有效控制后，初期雨水溢流造成的城市非点源（面源）污染成为城市河流、湖泊和河口等受纳水体的重要污染源，是目前局地尺度、区域尺度乃至全球尺度上城市水环境污染、生态系统健康失衡的重要原因之一。从20世纪70年代至今，削减初期雨水污染受到各国长期重点关注，欧美等地在城市初期雨水污染的长期规划、控制方法、排放标准、计算模拟和监控等方面进行了大量研究，并制定出一系列的指导性建议措施。其中，调蓄池是一项控制初期雨水溢流的重要技术，近20年来已在德国、丹麦、日本等国家广泛运用。近年来，利用水力模型来辅助城市排水系统初期雨水溢流控制也逐步得到认可和应用。

我国相关研究起始于20世纪80年代，但近15年来才引起各方面的广泛关注，主要研究集中于北京、上海、西安、澳门、珠海和镇江等城市。其中，上海在初期雨水治理规划、理念和技术等方面在国内处于领先地位。上海早在20世纪90年代就对合流制排水系统溢流污染开展了初步控制，先后建设了合流一期、污水二期和污水三期等重大工程，并在苏州河环境综合整治系列工程中，通过污水截污纳管、河道曝气复氧工程、上游底泥疏浚清淤工程、苏州河沿岸市政泵站雨天放江量削减工程等措施，苏州河干流于2000年年底基本消除黑臭，市区中小河道也于2005年年底基本消除黑臭，水质得到改善。

受历史原因影响，上海中心城区苏州河沿岸多为合流制排水系统，采用强排

水模式，设计暴雨重现期较国内外许多城市偏低，一般地区暴雨重现期仅为一年一遇，重点区域为3～5年一遇。在汛期历时短、强度大的区域降雨特征下，中心城区暴雨径流造成的非点源污染对水环境污染贡献率已超过点源污染，而且，随着时间的推移，这一比例还将继续上升。为了进一步完善和拓展水环境治理思路，加强对初期雨水溢流污染的控制和治理，确保水环境质量持续稳步提高，竹园第一污水输送分公司承担的科研项目——"调蓄池运行方案研究"，从技术和管理角度规范了日常调蓄池的运行，利用雨水调蓄池规范操作可有效削减初期雨水污染。基于前期的理论和技术研究，为了减少初期雨水污染次数、减排初期雨水污染量和改善受纳水体水质，上海在国内率先建设了5座雨水调蓄池，其中，成都路雨水调蓄池于2006年试运行，2007年正式投入运行；新昌平雨水调蓄池2009年投入运行；江苏路万航雨水调蓄池2010年调试，2011年正式投入运行；梦清园雨水调蓄池和新师大雨水调蓄池2011年调试和投入运行。

由于排水系统雨天溢流污染控制是一个极其复杂多变的非点源污染控制问题，受水文、气象、污水组成、下垫面类型、系统截流倍数、排水管道沉积物、管道疏通保养等多种因素的综合影响，调蓄池的科学运行管理也是一个复杂的综合课题。为充分发挥调蓄池的污染减排能力、保障城市受纳水体水环境安全、提高中心城区水环境整治效果，对不同服务系统、不同设计标准和运行模式下雨水调蓄池环境效应的规范管理及合理运行的研究亟待开展。

2. 研究的必要性和意义

苏州河是上海历史悠久的母亲河，上海市人民政府为了加强苏州河环境综合整治，改善和保护苏州河水域水质及两岸陆域环境，于1998—2008年实施了苏州河环境综合整治一期、二期和三期工程。其中，在"苏二期"中，采用雨水调蓄技术控制初期雨水污染，首批建设了5座雨水调蓄池，在2010年上海世博会园区也建成使用了4座雨水调蓄池。

目前，对"苏二期"建成调蓄池环境效应的研究主要集中于工程设计之初的经验匡算和数学模型模拟计算方面，针对成都路、新昌平、万航、新师大、梦清园这5个带有调蓄池的泵站（或调蓄池），目前都是依据设计院制定的参数运行并通过调试后进行修正的，通过近几年的实际运作，需验证运行参数的合理性；目前缺少指导性的文件来支撑这些调蓄池的规范运行。

本项目以成都路、新昌平、万航、新师大和梦清园5座雨水调蓄池为研究对象，系统评估和优化了调蓄池环境效应，以及进水、放空和冲洗等运行模式，以期为上海及国内其他城市后续雨水调蓄池及其他调蓄设施的规划、设计、运行和优化等提供参考。调蓄池运行的合理化、规范化，为充分利用雨水调蓄池减排暴雨溢流污染、改善城市水环境质量、保障城市水环境安全，以及为提高城市降雨径流非点源污染的控制与管理提供了借鉴。

3. 研究的立题依据

①泵站、调蓄池设计图纸；

②初步设计文字资料；

③给排水设计手册；

④相关设备手册和使用说明书；

⑤调蓄池污染减排效应评估及优化运行管理研究等项目的结题报告及相关结论。

4. 调蓄池运行方案编制的目的

加强泵站调蓄池的规范管理，确保调蓄池设施完好和正常运行，对调蓄池的操作形成制度保障，利用调蓄池减排溢流污染保障城市水环境安全，构建调蓄池优化运行和科学调度的最佳管理方案，使调蓄池运行达到规范化、科学化、制度化管理。

（二）调蓄池运行方案项目研究

由于通过调蓄池等设施来解决相关泵站雨水滞留、泵站初期雨水截流、减少放江量等问题在国内尚无先例，所以有必要对5座调蓄池的运行方案进行如下内容的研究。

1. 工艺要求

①基础设施、设备调研；

②调蓄池运行水位与调蓄池相关的泵站运行水位；

③调蓄池与泵站的协调运行；

④应急措施的有效落实。

2. 技术关键点

①调蓄池运行模式及操作指南；

②调蓄池运行参数的合理性；

③规范调蓄池与泵站之间的协调要求；

④规范防汛预警要求及调蓄池使用与防汛安全要求在运行中的体现；

⑤规范泵站、调蓄池异常情况及响应指南。

3. 研究范围和内容

研究范围为新昌平调蓄池、万航调蓄池、成都路调蓄池、梦清园调蓄池、新师大调蓄池五座调蓄池的设施设备、水位参数工艺流程、日常操作等。

研究主要内容如表3-1～表3-7所示。

表 3-1 调蓄池、泵站基本信息

调蓄池	有效容积 /m³	泵站流量 /m³/s			组别
		污水输送	排水能力	放空泵	
新昌平	15 000	2.02	19.98	2.00	新静安组
成都路	7 400	3.3	22.495	0.136	黄浦组
万航	10 800	0.972	13.582	0.4	长一组
梦清园	25 000	—	—	0.217	新静安组
新师大	3 500	1.12	8.56	0.28	普二组

表 3-2 调蓄池晴天模式

调蓄池	晴天模式
新昌平	不使用调蓄池，关闭调蓄池进水球阀，泵房污水泵常开
成都路	不使用调蓄池，关闭进水蝶阀、出水蝶阀
万航	不使用调蓄池，江苏段和万航段调蓄池进水电动蝶阀处于关闭状态
梦清园	不使用调蓄池，调蓄池液位保持在 -6.0 m 以下。进水蝶阀保持开启状态、出水蝶阀处于关闭状态，超越蝶阀常关
新师大	不使用调蓄池

表 3-3 调蓄池进水模式

调蓄池	进水模式 步骤1	步骤2	步骤3
新昌平	当 9#、10# 污水泵开足，格栅后液位达到 -3.70 m，打开调蓄池进水球阀进水	调蓄池液位上升至 -3.20 m 时，关闭调蓄池进水球阀	继续降雨，格栅后水位上升至 -2.50 m 时，根据水位上升情况依次开启 1#~6# 防汛泵
成都路	当集水井前池液位达到 -5.50 m 时，先开启一台防汛泵(4#、10#、12# 中的任意一台)，当集水井前池液位继续上升达到 -5.00 m 时，加开一台防汛泵(4#~10#、12# 中的任意一台)	打开调蓄池进水蝶阀，将初期雨水输送至调蓄池，同时关闭调蓄池出水蝶阀，如果集中雨量较大，放江和进调蓄池可同时进行	—
万航段	万航泵站污水泵按照受控水位运行。降雨时，当前池液位达 -2.00 m 时，打开万航段调蓄池进水闸门，调蓄池进水，同时开启粉碎机	调蓄池液位上升，同时观察前池液位。当前池液位达到 -0.80 m 时，确认放江闸门处于全开状态，逐台开启防汛泵(4#~7#)。雨大时，放江和进调蓄池可同时进行	当调蓄池液位上升至 0.50 m 时，关闭万航段调蓄池进水闸门，同时关闭粉碎机，万航段进水结束
江苏段	江苏泵站进总管的污水泵按照受控水位运行，降雨时，当前池液位达 0.00 m 时，打开江苏段调蓄池进水闸门，调蓄池进水；进水同时开启粉碎机	调蓄池液位上升，同时观察前池液位，当前池液位达到 0.85 m 时，确认放江闸门处于全开状态，逐台开启防汛泵。雨大时，放江和进调蓄池可同时进行	当调蓄池液位上升至 0.50 m 时，关闭江苏段调蓄池进水闸门，关闭粉碎机，江苏段进水结束
梦清园	叶家宅泵站，当污水泵运行流量大于 3 m^3/s，且达到降雨控制水位 2.00 m 时，通知梦清园调蓄池做好进水准备。打开叶家宅进梦清园球阀，污水进入梦清园调蓄池。陆续开启防汛泵，最大流量不得大于 6.6 m^3/s（2 台防汛泵），当叶家宅前池控制水位继续上涨又达到 2.00 m 时，开启最后一台防汛泵，通过堰门排入苏州河	当梦清园调蓄池液位到达 0.5 m 时（处于满池状态），梦清园泵站通知叶家宅泵站停送进调蓄池，梦清园进水蝶阀仍保持全开状态。叶家宅泵站关闭进梦清园半球阀	—

续表

调蓄池	进水模式		
	步骤1	步骤2	步骤3
新师大	根据运行水位，污水泵1#~4#保持正常运行，直至开足4台。当液位高于堰口标高-2.50 m时，超过截流泵的排水能力的污水量进入调蓄池	当调蓄池液位到达-1.8 m时，关闭进调蓄池堰门	如果此时水位继续上涨达到-1.60 m，开启防汛泵7#~10#直至开足4台

表3-4　调蓄池放空模式

调蓄池	放空模式
新昌平	在进总管流量许可的情况下，开启7#或8#放空泵放空，调蓄池水位降低至-12.50 m时，关闭放空泵，放空完成
成都路	调蓄池放空，水泵放空，调蓄池液位达到-3.90 m时，开启2台放空水泵至调蓄池液位降低到-7.90 m，关闭放空泵，放空完成，满池放空时间约2.3 h
万航	放空由万航泵站实施，采用放空泵放空，分别开启2台潜水排污泵，将调蓄池液位降低至-10.5 m时，关闭放空泵，放空完成，放空时间约3 h
梦清园	梦清园泵站通知宜昌泵站准备放空，宜昌泵站保持低水位运行。逐台开启梦清园放空泵（潜水排污泵），最大可以开启2台放空泵，调蓄池液位降低至-6.4 m时关闭放空泵，放空完毕
新师大	在进总管流量许可的情况下（最大输送量不超过1.12 m³/s），开启放空泵5#或6#至调蓄池液位降低到-4.8 m，关闭放空泵，放空完成

表3-5　调蓄池冲洗清淤方式与冲洗模式

调蓄池	冲洗清淤方式	冲洗模式
新昌平	连续沟槽冲洗	采用连续沟槽冲洗清淤模式。调蓄池使用完毕后，利用旱流污水冲洗调蓄池底部。操作流程：当前池液位到达-3.70 m时，交替打开2台进水球阀，当调蓄池液位上升至-10 m时，关闭进水球阀，通过跌水将势能转换为动能进入连续沟槽，并在沟槽内达到自清流速，冲洗水最终流入泵坑，由放空泵排入污水管
成都路	潜水泵搅拌+人工水力冲洗	成都路调蓄池采用潜水泵搅拌+人工水力冲洗的清淤模式，潜水泵搅拌冲洗模式主要利用其池型为圆形的便利条件，底板向圆中心倾斜，周边切线进水，中心出水，采用搅拌器使水量顺时针旋转，使泥砂向中心汇集，然后提升排放
万航	水力冲洗翻斗	顶板上部填土绿化，顶板上布置通风道，具有人员下池检修的便利条件，因此设计时采用水力冲洗翻斗清淤
梦清园	水力冲洗翻斗	
新师大	水力冲洗翻斗	

表3-6　调蓄池特殊情况实施

调蓄池	特殊情况实施
新昌平	当调蓄池未满池，但前池水位达到要求开启防汛泵时，可先关闭调蓄池进水蝶阀，防汛泵依据水位开停；当输送泵检修影响输送流量时，可开启调蓄池进水蝶阀，采用放空泵与输送泵组合开启的方式输送污水，但最大流量不得超过4.02 m³/s的铭牌流量
万航	万航与江苏段调蓄池应分别进水，防止两个系统同时进水时造成调蓄池进水不畅
梦清园	当调蓄池满池后，叶家宅泵站进调蓄池的进水球阀应及时关闭，防止进调蓄池管道超设计流量。当进池流量满足6.6 m³/s，还需加开防汛泵时，为确保管道安全，应关闭叶家宅进调蓄池球阀

表 3-7 调蓄池控制水位

调蓄池	进调蓄池水位 /m	关调蓄池水位 /m	放空泵最低水位 /m
新昌平	-3.70 （前池水位）	-3.20 （调蓄池水位）	-15.20 （调蓄池水位）
成都路	-5.5～-5.00 （前池液位）	0.60 （调蓄池水位）	-7.90 （调蓄池水位）
万航	江苏段：0.00（进水池水位） 万航段：-2.00（进水池水位）	0.50 （调蓄池水位）	-10.50 （调蓄池水位）
梦清园	叶家宅 2.00（前池）	0.50（调蓄池水位）	-6.40 （调蓄池水位）
新师大	-2.50（堰口标高） 堰门开状态	-1.80 （调蓄池水位） 堰门关状态	-4.80 （调蓄池水位）

（1）成都路调蓄池优化运行

2006—2011 年成都路调蓄池在中雨、大雨和暴雨等降雨强度下的运行效果的监测和分析暴露出调蓄池使用频次、调蓄池有效容积使用、调蓄池放空、合流污水峰值滞后降雨峰值、自动化响应、蝶阀漏水和设备腐蚀 7 方面问题。

①调蓄池使用频次。2006—2010 年调蓄池运行统计显示，暴雨溢流次数共计 96 次，调蓄池正常使用 74 次，其中 2006—2007 年初期使用阶段，由于天气预报准确性、及时性以及调蓄池使用熟练程度等问题的影响，预留给调蓄池的运行准备时间不足，导致调蓄池使用不足。如果全部雨天溢流事件发生前，调蓄池均能正常发挥作用，2007 年溢流量和溢流污染负荷削减比例将可增加 50%。2008 年之后，调蓄池使用频次明显提高，基本达到了 80% 以上的使用效率，尤其是 2011 年前 8 个月，调蓄池使用频次达 100%，共使用 10 次，减少了 5 次溢流，仅发生 5 次溢流事件。

②调蓄池有效容积使用。至 2011 年 8 月调蓄池全部运行统计显示，调蓄池共使用 84 次，调蓄合流污水量 49.83×10^4 m^3，平均 5 932 m^3/次，调蓄有效容积使用率为 80.2%，主要原因是泵站集水井水位实时监测系统存在问题，无法依据集水井实时水位信息指导调蓄池运行，导致调蓄池未蓄满。暴雨时期系统径流汇集速度快，集水井水位上升迅速，调蓄池有效运行时间受限制，也是调蓄池有效容积使用不足的另一原因。

③调蓄池放空。成都路排水系统旱流污水和初期雨水经成都路泵站提升进入合流污水治理一期总管。由于一期总管负责收集 44 个排水系统的污水，随着旱流污水量的增长以及雨季长历时、强降雨事件的影响，连续降雨期间一期总管输送能力略显不足。2007 年 8 月 3～5 日期间，由于连续降雨，8 月 3 日调蓄池正常使用后，由于受一期总管运行条件限制，8 月 4 日调蓄池放空受限，未及时得到放空，当 8 月 5 日再次降雨时，调蓄池未能正常发挥功能。因此，调蓄池的放空模式和放空时机的选择有待进一步优化。

④合流污水峰值滞后降雨峰值。在 2007 年 7 月 10 日、8 月 3 日、8 月 5 日和 8 月 11 日的降雨事件中，降雨历时分别为 3.5h、7.3h、1.9h 和 9.8h，累积降雨量分别为 25.5 mm、23.9 mm、29.2 mm 和 68.9 mm。通过对成都路排水系统合流污水高频率水样采集、分析以及自动化降雨量资料的分析得知，上述 4 日的降雨中分别有 17.5 mm、19.0 mm、26.0 mm 和 60.0 mm 的降雨量，在历时 20~60 min 的集中降雨时间内发生。超出了排水系统的设计暴雨重现期以及调蓄池的调蓄能力，导致发生溢流事件。由于合流污水峰值滞后降雨峰值 15~45 min，多在 20 min 左右，且存在部分场次合流污水进调蓄池的时间滞后于污水浓度峰值，使得进入调蓄池部分的合流污水浓度往往不是最高，削弱了调蓄池削减溢流污染物负荷的能力。

成都路调蓄池运行时段降雨和污染物参数统计如表 3-8 所示。

表 3-8　成都路调蓄池运行时段降雨和污染物参数统计

降雨日（2007）	累计降雨量/mm	降雨时段	集中降雨量/mm	集中降雨时段	降雨峰值时刻	污染物浓度峰值时刻	调蓄池运行时段
7 月 10 日	25.5	8：10~12：40	17.5	12：20~12：40	12：30	—*	13：00~13：35
8 月 3 日	23.9	16：10~23：30	19.0	16：15~17：00	16：30	16：45	17：10~17：40
8 月 5 日	29.2	17：05~19：00	26.0	17：05~18：00	17：35	17：40	—**
8 月 11 日	68.9	8：20~18：10	60.0	15：10~16：10	15：30	16：15	16：05~16：30

注：*表示此时段无监测数据；**表示该日调蓄池因放空而未使用。

⑤自动化响应。目前成都路排水系统未安装自动化水质分析设备，且原先存在的自动化水样采集、保存设备未正常运行，因此，降雨期间该排水系统的长时间序列、高频次的合流污水水质资料难以获取。基于自动化水质、水量现场监测设备，获取泵站进水水质、水量过程，配合调蓄池的适时运行有待开展。

⑥蝶阀漏水。2006—2007 年，由于出水蝶阀漏水，致使调蓄池有效蓄水容积受到一定程度的损失。

⑦设备腐蚀。2008 年曾出现因仪表设备防腐等级低，导致因设备故障引起调蓄池无法进水使用的情况；2009 年汛期曾发生闸门故障，经过运行单位及时解决并加强日常养护工作后，2010—2011 年未出现因闸门等电器设备故障导致的调蓄池未使用现象，污染减排效能逐步稳定，但仍有设备腐蚀、老化等隐患，需加强对仪器设备的常态化维护管理，宜在适当的时候，对调蓄池电器设备等硬件设施进行全面评估，制订适当的保养或更新改造计划。

成都路调蓄池优化运行方案如下：

成都路调蓄池蝶阀漏水现象经更换蝶阀已解决，使用频次、调蓄放空经过近年来的强化运行，也有明显改善。调蓄池自动化响应的控制需辅助自动化快速在线监测设备进行。本研究制定的成都路调蓄池优化方案，主要通过调整进调蓄池通信保持来实现调蓄效率的最优化。

调蓄池与泵站之间通信保持至关重要，2011年汛期后段发现调蓄池液位不显示，经过现场排查发现通信电缆由于地面沉降或其他原因导致通信中断，由于调蓄池和泵站之间间隔有成都路高架，地面施工难度极大，因此尝试采用点对点无线通信方式对数据进行采集和传送。

（2）新昌平调蓄池优化运行

对2009—2011年新昌平调蓄池实际运行数据监测和后续分析，发现新昌平调蓄池存在如下5方面的问题：污水输送泵配泵能力低、泵站运行水位低、调蓄池进水慢、用放空泵进行输送时调蓄池容积计算难以把握和自动化响应。

①污水输送泵配泵能力低。新昌平排水系统由原昌平、康定及部分宜昌排水系统组成，这些组成部分原有污水输送泵配泵能力接近4 m³/s，而新昌平系统改建后，配置2台潜污泵（采用变频泵，单泵流量Q=1.01 m³/s、H=7.8～10.6 m、P=110 kW，电压等级380 V），最大输送能力约为原先能力的一半。系统截流倍数下降，限制了利用截流倍数输送部分暴雨径流的能力，导致新昌平调蓄池承担过多的压力，使用效率降低。

②泵站运行水位低。与周边叶家宅和宜昌系统相比，新昌平泵站运行水位最低。存在周边其他系统已经停车，而新昌平系统仍在开车；或因新昌平开车水位低，先于周边开车，而将其他系统水量带过来的现象。因此，新昌平系统防汛压力较周边叶家宅、宜昌系统压力要大，也相应降低了新昌平调蓄池的整体溢流减排效应。

新昌平、叶家宅、宜昌泵站运行水位如表3-9所示。

表3-9 新昌平、叶家宅、宜昌泵站运行水位

泵站	平台标高/m	运行水位/m							
		截流旱流控制水位		截流降雨控制水位		防汛控制水位		降雨控制水位	
		开车	停车	开车	停车	开车	停车	开车	停车
新昌平	0.50	-4.00	-5.50	-4.20	-5.60	-2.20	-3.70	-2.50	-4.00
叶家宅	4.50	0.40	-2.60	-0.60	-4.00	2.30	0.80	2.00	0.50
宜昌	4.00	1.10	0.00	0.90	-0.16	2.10	1.40	1.80	1.10

③调蓄池进水慢。新昌平调蓄池采用的是重力自流进水方式，2009—2010年使用情况显示，重力自流进水方式虽然避免了因设备故障导致的进水问题，节约了部分设备购置、维护、改造和运行等费用，符合节能环保理念，但由于重力自流进水速度较慢，导致在降雨强度较大的情况下，存在调蓄池使用过程中的溢流现象。

④用放空泵进行输送时调蓄池容积计算难以把握。2011年汛期中有一台污水输送泵发生故障，不得已将放空泵作为临时污水输送泵使用，但带来的问题是存在一边进水一边放空的现象，对于正确计算调蓄池容积使用率有显著差异，这个

问题有待解决。

⑤自动化响应。自动化响应问题和成都路调蓄池类似。

新昌平调蓄池优化运行方案如下：

出于安全考虑，新昌平这一下沉式泵站已无抬高进水运行水位的可能性（已是满管入流，进调蓄池），提高进水流速存在两种方案：扩大进水闸门，可能性小；降低局部阻力以提高进水流速，可能性大。

新昌平调蓄池采用重力自流进水方式，依靠进水阀门井内调蓄池进水管上设置的两根 DN1600 电动半球阀控制进水。由于新昌平排水系统存在降雨管道汇流的初期效应，可通过提高管道流速来加快管道沉积物的冲刷和输运，增加调蓄池所接纳水体的污染负荷，达到提升调蓄池的污染物削减能力。由于新昌平调蓄池是重力自流进水方式，在不对原有设施进行改造的基础上，可通过增加调蓄池进水落差来提高管道出流速度。新昌平排水系统泵站集水井底标高 -5.80 m，平台标高 ±0.50 m，目前调蓄池进水水位为 -3.70 m，距集水井平台尚有 4.20 m 的距离。建议通过水力模型计算，在保障不漫溢的前提下，适当提高调蓄池进水水位高度，以提高进水流速，或通过降低进水管道和调蓄池进水段的底部糙率系数，来达到降低管道沿程损失提高调蓄池进水流速，以扩大对排水系统管道沉积物的冲刷，提高调蓄池的污染削减能力，同时通过提高进水流速，避免在调蓄池未蓄满情况下的溢流污染事件。

近年来新昌平调蓄池连续保持了高强度的运行次数，但要合理、全面评估其污染减排效应，除了对溢流减排量进行统计外，降雨全过程的水质监测数据也很重要。2010 年排水公司开展的"初期雨水水质在线监测及其应用研究"项目，尝试利用自动化在线设备连续监测初期雨水水质，该项目已验收。此项目为利用自动化水质监测设备监测初期雨水水质变化过程，利用水质变化数据指导调蓄池的在线运行，以及为今后强化研究调蓄池进水水位、调蓄水量、调蓄水质和调蓄效能之间的关系，以及调蓄池的优化运行管理提供第一手的数据支持。

（3）梦清园调蓄池运行优化

梦清园调蓄池 2011 年 6 月进行了调试，7 月开始正式使用。正式使用期间，依据叶家宅泵站运行数据和位于梦清园内的调蓄池控制室的反馈意见，梦清园调蓄池存在以下问题。

①进水能力不足。叶家宅排水系统出水井出水电动半球阀为 DN2000，通过一根 DN2400 管道与梦清园调蓄池相连接，最大设计流量为 6.6 m³/s。调试过程中，叶家宅系统可同时开启 2 台 3.3 m³/s 污水泵向梦清园调蓄池输送，但在 7~8 月的实际运行过程中，当同时开启 2 台 3.3 m³/s 污水泵时，出现边进调蓄池边溢流苏州河的现象。

②透气孔漏水降低放空效率。梦清园调蓄池采用重力放空和放空泵放空相结合的模式。放空阀重力放空：检测出水井液位到达 -3.0 m 时，关闭进水蝶阀，开启出水蝶阀；水泵放空：调蓄池液位降低至 -3.0 m 时，关闭出水蝶阀，开启放空

泵，将水提升至出水井。

由于 U 形进水透气孔和放空水泵出水口位于同一平台空间，当开启放空泵时，部分污水可通过 U 形进水透气孔回流至调蓄池，导致放空效率降低，延长了放空时间，对调蓄池的连续运行带来隐患。

③重力放空暂时不用。调蓄池底板标高 -4.1~4.9 m，有效调蓄水深 5.0 m，最高设计水位 +0.50 m。-3.0 m 水位以上通过采用一根 DN1500 放空管道重力放空。由于重力放空管道距离公共排水管道过近，重力放空时，易导致管道污水漫溢，因此重力放空暂时不用。

针对上述梦清园调蓄池使用过程中面临的 3 方面问题，提出如下优化运行方案。

①改善调蓄池进水水力条件。可通过以下两种途径改善进调蓄池管道的水力条件：第一，因为调试时未出现同时开启 2 台 3.3 m³/s 污水泵，污水溢流苏州河现象，可通过潜水员探摸或闭路电视（Closed Circuit Television，CCTV）监测技术摸排调蓄池进水管道情况，寻找是否有影响管道水力条件的阻碍物。第二，降低高位井进调蓄池一侧的溢流堰高度，或改造成可调堰，通过增大水头差提高进水流速，单侧溢流堰高度的降低数值可通过 InfoWorks CS 模型建模计算并进行安全性验证。

②安装单向逆止阀，改造 U 形透气孔。对 U 形透气孔进行结构改造，安装单向逆止阀，阻止放空污水通过透气孔回流调蓄池。

③结合宜昌泵站调度，谨慎进行重力放空。重力放空节能降耗，为避免重力放空时可能导致的管道污水漫溢后果，可通过周边宜昌泵站的实时调度，提升相应管道污水输送能力，避免重力放空时产生污水漫溢，影响城市排水安全。

（4）万航调蓄池优化运行

万航调蓄池 2010 年调试，2011 年正式运行，截止到 2011 年 8 月，发现万航调蓄池存在如下三方面的问题。

①进水闸门不易操作。万航调蓄池进水采用闸门控制，响应周期长，不易操作，且易损毁。

②进水速度慢。万航调蓄池进水方式有 2 种，目前仅采用重力进水模式。由于调蓄池前集水井容积相对偏小，水位上升快，在万航调蓄池所服务的江苏段和万航段系统的运行水位有差异的情况下，存在调蓄池尚未进满便发生溢流的现象。

③自来水冲洗调蓄池，浪费水资源。万航调蓄池采用 5 套容积各为 4.2 m³ 的水力翻斗，利用自来水冲洗池体，冲洗周期用水量达 21.0 m³。

针对上述万航调蓄池使用过程中存在的三方面问题，提出如下优化运行方案。

①改闸门为半球阀。将调蓄池进水闸门改为半球阀，既可降低响应时间，提高调蓄池溢流减排效率，又可降低设备损坏维修、保养费用，减少操作时间。

②改万航系统进水方式为泵排进水。建议江苏段系统采用重力自流进水方式，关闭万航一侧进调蓄池集水井的闸门，万航泵站改为雨水泵泵排进调蓄池，提高调蓄池进水效率的同时，避免万航泵站可能出现的由于重力自流进水导致的边进

调蓄池边溢流现象。

③采用合流污水冲洗池体。增加小型潜水泵，改万航调蓄池水力翻斗冲洗为合流污水冲洗，节约水资源。

（5）新师大调蓄池运行优化

新师大调蓄池于2011年进行调试，并正式运行，截止到2011年10月，发现新师大调蓄池存在如下问题：

①翻斗不能复位；

②冲洗翻斗执行后，冲洗进水不断情况下翻斗不能复位。

新师大调蓄池优化运行方案：建议冲洗翻斗加装电磁阀，控制水力翻斗进水。

（三）研究成果

本项目在对竹园一分公司成都路、新昌平、梦清园、万航和新师大5座调蓄池工艺要求、技术关键点、调蓄池优化运行等进行探索的基础上，建立并构建了调蓄池运行方案和优化运行措施，主要研究成果如下：

①形成5座调蓄池指导性文件，指导泵站调蓄池的日常规范操作；

②在实际运行中，寻找雨水调蓄和防汛功能的平衡点，使得调蓄池的使用效益接近或达到设计要求；

③对调蓄池运行中存在的一些问题进行了剖析和提出了整改措施。

二、上海中心城区两座雨水调蓄池污染减排效应研究

雨水调蓄池是一项行之有效的控制和削减城市排水系统暴雨溢流污染的设施，在德国、美国和日本等发达国家已得到较广泛的使用。国内，在"苏二期"中，上海率先建设和使用雨水调蓄池，至2010年底已建成的调蓄池超过10座。目前对调蓄池污染减排效应的研究主要集中于工程设计之初的经验匡算和数学模型模拟计算，以及对单座调蓄池环境效应的初步评估方面，系统性的对比研究还未开展。笔者选取苏州河沿岸两座不同容积设计方法的调蓄池——成都路和新昌平雨水调蓄池，通过对二者2010年污染减排效应的对比分析，尝试对调蓄池的设计建设和运行管理提供参考，并为初期雨水污染为代表的城市面源污染治理提供参考。

（一）研究区域与方法

1. 研究区域概况

近30年上海中心城区平均降雨量为1 200.3 mm，其中约70%集中在汛期（4～9月）。成都路和新昌平雨水调蓄池均位于上海市静安区，溢流受纳水体均为苏州河，两者分别在2006年和2008年试运行，并分别在2007年和2009年正式开始运行。两个调蓄池分别服务于成都路排水系统和新昌平排水系统，排水系统的服务面积分别为3.06 km^2、3.77 km^2，系统径流系数分别为0.8、0.6，系统旱流污水配泵流量分别为3.300 m^3/s、2.020 m^3/s，系统雨水配泵流量分别为22.495 m^3/s、19.970

m^3/s，调蓄池设计容积分别为 7 400 m^3、15 000 m^3，两调蓄池分别采用雨水泵泵排进水（进水配泵流量为 4.090 m^3/s，共有 2 台进水配泵）和重力自流进水。其中，成都路调蓄池是国内第一座投入使用的大型雨水调蓄池，新昌平调蓄池是目前国内投入正常使用的有效容积最大的雨水调蓄池。

2. 雨水调蓄池设计模式

（1）成都路调蓄池

成都路调蓄池容积按德国废水协会制定的《ATV128 合流污水系统暴雨削减装置设置指南》中的方法计算，公式如下：

$$V = 1.5 \times V_{SR} \times A_U \tag{3-1}$$

式中，V——调蓄池容积，m^3；

V_{SR}——每公顷面积需调蓄的雨水量；

A_U——非渗透面积，hm^2。

12 $m^3/hm^2 \leqslant V_{SR} \leqslant$ 40 m^3/hm^2，成都路调蓄池取 20 m^3/hm^2；

A_U = 系统服务面积 × 径流系数。

成都路系统服务面积为 306 hm^2，设计径流系数为 0.8，代入式（3-1）计算得调蓄池容积为 7 344 m^3，工程建设实际取 $V_{成都路}$=7 400 m^3，V_{SR} 实际为 20.15。所有设备均由成都路泵站可编程逻辑控制器（Programmable Logic Controller，PLC）控制，运行方式分为晴天模式、进水模式、满池模式、放空模式和搅拌模式。

（2）新昌平调蓄池

新昌平调蓄池容积采用截流强度法计算，根据单位时间截流污水量、截流时间来确定调蓄池的容积，公式如下：

$$V = 60 \times Q_{截} \times t \tag{3-2}$$

式中，$Q_{截}$——截流污水量，设计截流污水量为 4.034 m^3/s；

t——截流时间，设计截流时长为 60 min。

按式（3-2）计算的新昌平调蓄池容积为 14 522 m^3，工程建设实际取 $V_{新昌平}$=15 000 m^3。若按式（3-1）反算 V_{SR}，得 V_{SR}=44.21 m^3/hm^2，为成都路调蓄池的 2.19 倍。

所有设备均由新昌平泵站 PLC 控制，运行方式分为晴天模式、进水模式、放空模式和冲洗模式。

3. 水样采集与分析

2010 年汛期降雨时对成都路和新昌平排水系统进行了近 10 次管道出流水质监测。水样采集点位于排水系统泵站集水井，人工手动采样，平均采样间隔为 5 min。水样采集后保存于 1 L 的棕色玻璃水样瓶中，未及时分析的水样放入 4 ℃的冰柜中保存。水质分析指标包括 COD、TP 和 SS 等 10 项，采用国家标准方法分析。降雨与管道出流量数据由泵站自动化采集系统获得，采集间隔为 5 min，系统自动记录泵站各水泵的启、闭时间，并根据各台水泵的铭牌流量和运行时间计算出流量。

（二）数据分析

2010年成都路泵站全年降雨量为1 122 mm，雨量较近30年平均降雨量（1 200.3 mm）偏少；新昌平泵站年降雨量为1 200 mm，雨量与近30年平均降雨量持平。

依据2010年对调蓄池汛期合流污水水质的多次连续跟踪监测数据，以及2006—2009年连续4年运行期间所积累的基础水质数据，进成都路调蓄池的降雨初期高浓度污水COD平均浓度高达453 mg/L，超过排水系统设计排水标准的溢流污水COD平均值（259 mg/L）；进新昌平调蓄池的降雨初期高浓度污水COD平均浓度为380 mg/L，超过排水系统设计排水标准的溢流污水COD平均值（223 m g/L）。

2010年成都路和新昌平调蓄池对溢流COD总减排量分别为53.3 t和201.9 t。其中，成都路调蓄池汛期和非汛期的减排量分别为40.0 t、13.3 t，COD削减比例分别为75.0%和25.0%；新昌平调蓄池汛期和非汛期的COD减排量分别为125.8 t、76.1 t，相应削减比例分别为62.3%和37.7%。

（三）运行效能评价

1. 成都路调蓄池

成都路调蓄池2010年汛期暴雨溢流量、溢流污染物浓度分别削减了9.7%和15.9%，与2009年的5.7%和8.5%水平相比，分别提高了4%和7.4%，这主要是由于世博期间，调蓄池的运行管理进一步完善，暴雨溢流事件中调蓄池全部得到使用的缘故。同时2010年降雨量较近30年平均降雨量偏小约9.4%，大暴雨次数偏少也是重要的客观原因。成都路调蓄池全年COD削减量较2009年增加2.5 t，其中非汛期COD削减量较前年增加了4.4 t，增长率达48.9%，这主要是2010年非汛期降雨比例偏高、降雨次数偏多、调蓄池使用次数多的缘故。2010年调蓄池使用状况统计见表3-10。

表3-10 2010年调蓄池使用状况统计

项目	成都路雨水调蓄池		新昌平雨水调蓄池	
时间段	汛期	全年	汛期	全年
降雨量/mm	721	1 122	760	1 200
降雨使用次数	15	20	41	68
总调蓄水量/m³	88 340	117 787	331 020	531 180
溢流次数	11	16	14	20
总溢流水量/m³	819 636	979 760	112 887	130 369
溢流水量削减比例/%	9.7	10.7	22.7	28.9
溢流COD削减比例/%	15.9	17.4	33.3	41.0

注：为配合世博会会期，2010年汛期从5月1日~10月31日，较往年提前两个月开始，延长一个月结束

2. 新昌平调蓄池

自新昌平调蓄池继 2009 年强化运行管理以来，降雨期间尽可能多地使用调蓄池，一个降雨日中如果有多场次降雨发生，调蓄池就多次使用。2010 年全年使用 68 次、溢流削减总量为 531 180 m³、溢流量削减比例为 28.9%，与 2009 年的使用次数（65 次）、调蓄总量（543 420 m³）、溢流量削减比例（30.6%）相当，仍然保持了较高水平的污染削减效能。同时，2010 年新昌平调蓄池调蓄了更多的高浓度初期降雨径流，使得在调蓄总量略有增加的情况下，COD 削减量达到创新高的 201.9 t，超出 2009 年（151 t）的 33.7%。此外，新昌平非汛期 COD 削减量达到 76.1 t，占全年溢流 COD 削减量的 37.7%。

3. 非汛期效能分析

从两个调蓄池全年和汛期使用情况分类统计中不难发现，无论是成都路调蓄池还是新昌平调蓄池，全年的溢流量减排比例和溢流污染减排比例均高于汛期，这一方面是因为非汛期的降雨强度普遍不大，调蓄池运行效能更优，另一方面也说明了排水公司作为运行管理单位对雨水调蓄池的科学运行管理非常重视，在思想上和工作中已不区分汛期和非汛期，而是进入全年的常态化运行管理，通过及时、高效使用调蓄池，大大提高了调蓄池的污染减排效能。

（四）调蓄池优化潜力分析

1. 调蓄池运行潜力分析

成都路调蓄池采用雨水泵泵排进水模式，具有进水速度快的优势，但设备故障率高。在 2006—2009 年的连续运行期间，每年都暴露出因设备故障导致无法正常进水的问题，经过运行单位及时解决并加强日常养护工作后，2010 年未出现因闸门等电器设备故障导致的调蓄池未使用现象，污染减排效能逐步稳定，但仍有设备腐蚀、老化等隐患，需加强对仪器设备的常态化维护管理，宜在适当的时候对硬件设施进行全面评估，制订适当的保养或更新改造计划。新昌平调蓄池采用重力自流进水方式，节能环保，不存在调蓄池因闸门故障导致的非正常使用情况。重力自流进水方式避免了因设备故障导致的进水问题，同时节约了设备购置、维护、改造和运行等大量费用，符合节能环保理念。由于重力自流进水速度慢，在降雨强度较大情况下，存在调蓄池使用过程中的溢流现象，建议对超出调蓄池进水流量部分配置变频泵，以充分利用调蓄池容积。

2010 年成都路调蓄池出现了因连续降雨导致调蓄池未及时放空，致使调蓄池出现一次降雨溢流未使用现象，影响了连续使用。如何应对连续强降雨现象、及时配合污水输送干线放空调蓄池、发挥调蓄池的连续调蓄潜力值得下一步探讨。

2. 容积设计方法和标准分析

调蓄池容积设计方法或设计标准的选用直接影响调蓄池暴雨溢流削减量和削减率，成都路和新昌平调蓄池选用的 V_{SR} 分别为 20.15 m³/hm² 和 44.21 m³/hm²，这是导致 2010 年成都路和新昌平溢流污染削减率存在较大差异的主要原因。同时，设计方法和标准的确定又和降雨条件与服务系统用地类型关系密切。由于上海地区降雨条件与德国相比存在较大差异：德国年均降雨量为 700～800 mm，且月均降雨量差别较小，单场降雨历时较长，降雨曲线与美国 SCSIA 型降雨曲线接近，属平均型降雨；而上海地区近 30 年来年均降雨量约为 1 200.3 mm，且 70% 左右的雨量集中在 4～9 月的汛期，单场降雨历时较短，降雨曲线与 SCSII 型降雨曲线接近，属于脉冲型降雨。因此，在德国 V_{SR} 取值 20 m³/hm² 时，可削减约 80% 的溢流量。而在上海，选用式（3-1）的德国调蓄池设计方法，目前运行数据显示，V_{SR} 分别取值 20.15 m³/hm² 和 44.21 m³/hm² 时，溢流量削减仅为 10.7% 和 28.9%，溢流污染物削减为 17.4% 和 41.0%。

目前上海中心城区运行的几座调蓄池的建造容积受土地稀缺影响，往往不能依据理论和实际进行最优设计。在场地条件不受限制的条件下，调蓄池的容积设计应以溢流污染削减率为目标。若要达到类似于德国设计调蓄池达到 80% 的溢流污染削减目标，V_{SR} 的取值范围建议根据上海地区的降雨特征并参照图 3-1（上海地区 0.5、1、2、3、5、10、20、30、50、100 年一遇暴雨设计重现期，从左至右依次对应每条曲线上的数据点）而定。

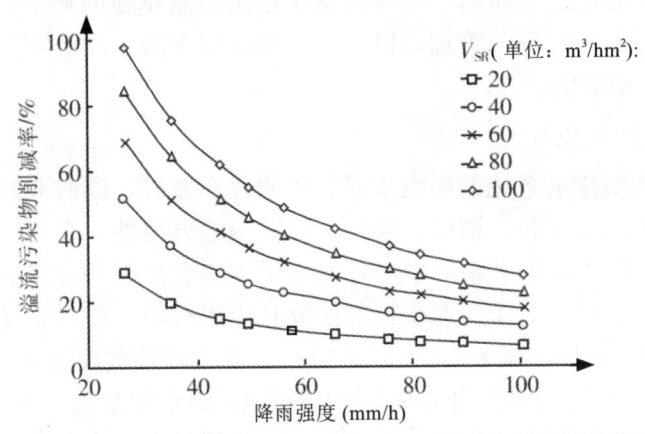

图 3-1　上海地区不同 V_{SR} 的暴雨设计重现期（降雨量）与溢流污染物削减率关系

（五）结论与建议

雨水调蓄池是一类重要的控制城市暴雨溢流污染的设施，2010 年成都路和新昌平调蓄池分别削减 10.7% 和 28.9% 的暴雨溢流量，分别削减 17.4% 和 41.0% 的暴雨溢流 COD。

在既定服务面积、下垫面类型和降雨等边界条件下，调蓄池的设计方法、设计标准、进水模式和放空模式是调蓄池污染减排效应发挥的重要影响因素。

建议依据雨水调蓄池服务区域的自然地理条件，以溢流污染物削减为目标，将容积设计进一步优化，选用适当的容积设计标准充分发挥雨水调蓄池减排暴雨溢流污染的功能。

三、基于雨洪控制评估的自动化水质在线监测系统

雨水调蓄池、调蓄隧道、多功能调蓄系统、下凹式绿地、渗透型路面、渗透型停车场等生态排水措施是目前国际较为流行的控制城市雨洪的方式。受历史原因影响，上海中心城区尤其是苏州河沿岸排水系统多为合流制，暴雨设计重现期除重点区域采用3~5年一遇外，其余均为一年一遇，比国内外许多城市的都低。上海在苏州河环境综合整治工程中，借鉴国外成功经验，在苏州河南岸建设了成都路、新昌平、梦清园、江苏路和芙蓉江5座雨水调蓄池，总容积为70 700 m³，服务面积达20.07 km²。自2006年陆续运行以来，较为有效地控制了苏州河南岸排水系统的雨洪水量与水质危害。

水质监测是发挥雨洪控制设施环境效益的重要核算指标之一，也是评价治理设施的社会、经济和环境效益必不可少的基础资料。受以往技术、设备和人员等因素的限制，水质监测存在响应滞后时间长、采样频率低、分析时间长等问题，导致针对雨洪水质变化过程及特征的实时、准确监测还存在瓶颈。笔者基于城市雨洪污染特征，构建了城市排水系统的雨洪自动化水质在线监测及远程控制系统，并应用于上海中心城区苏州河沿岸排水系统雨洪控制设施的环境效应评估中，以期为城市雨洪污染的控制与管理，以及排水系统的水质在线监测和远程控制系统的进一步推广应用提供参考。

（一）研究区域概况

考虑不同类型排水系统的雨洪水量、水质存在差异，同时兼顾场地适宜性和自动化在线监测设备安装、调试、维护、管理等的方便性，在上海中心城区苏州河南岸5座调蓄池所在排水系统中，各选取了一座合流制和分流制排水系统，即新昌平和芙蓉江排水系统作为本项目的研究和应用对象。新昌平排水系统为合流制，位于上海市静安区，服务面积为3.45 km²，暴雨设计重现期为一年一遇，系统径流系数为0.7，旱流污水配泵流量为2.02 m³/s，雨水配泵流量为19.97 m³/s；系统建有新昌平雨水调蓄池，容积为15 000 m³，采用重力自流进水方式，2008年试运行，2009年正式运行。芙蓉江排水系统为分流制，位于上海市长宁区，服务面积为6.83 km²，暴雨设计重现期为一年一遇，系统径流系数为0.6，旱流污水配泵流量为0.50 m³/s，雨水配泵流量为22.80 m³/s；系统建有芙蓉江雨水调蓄池，容积为12 500 m³，采用重力自流进水方式，2010年试运行，2012年正式运行。两个排水系统的溢流雨洪受纳水体均为苏州河市区段。

（二）自动化水质在线监测系统的构建

1. 监测指标

依据自动化水质在线监测系统的服务对象、预定目标、环境条件和行业发展

水平等因素，国内外不同的自动化水质在线监测系统选择的水质监测指标存在着一定的差异。综合考虑上海城市地表水环境主要污染因子和国家"十二五"污染减排指标，选择代表有机类污染指标的COD、代表营养类污染指标的NH_4^+-N和TP以及PH酸碱度作为排水系统雨洪污染的水质在线监测指标。

2. 监测设备

参照环保部门水污染源在线监测系统和城市供水管网水质在线监测系统构建对在线监测设备的选择要求，本研究构建城市雨洪水质在线系统时，确定设备选型主要原则如下：①仪器使用的分析原理符合国家相关标准，具有较高的灵敏度和较高的精确度；②设备结构简单、牢固，使用寿命长，故障率低，可连续稳定测定，校对方法简单，现场操作简便，后期维护方便易行；③数据能及时储存，断电后恢复供电时，具有系统自动恢复和记录断电情况等功能。基于上述原则，利用瑞士E+H公司的CPM223型pH在线监测仪、美国哈希（Hach）公司的CODmax型COD在线监测仪、德国WTW公司的TresCon型NH_4^+-N/TP在线监测仪以及美国哈希公司的Sigma 900全天候冷藏采样器，基于PLC和GPRS网络构建的远程控制和数据传输框架，并结合现场观测与试验分析，构建了集雨洪水质在线监测、远程控制晴天/雨天监测模式快速转换及数据实时传输功能于一体的自动化雨洪水质在线监测及远程控制系统，如图3-2和图3-3所示。

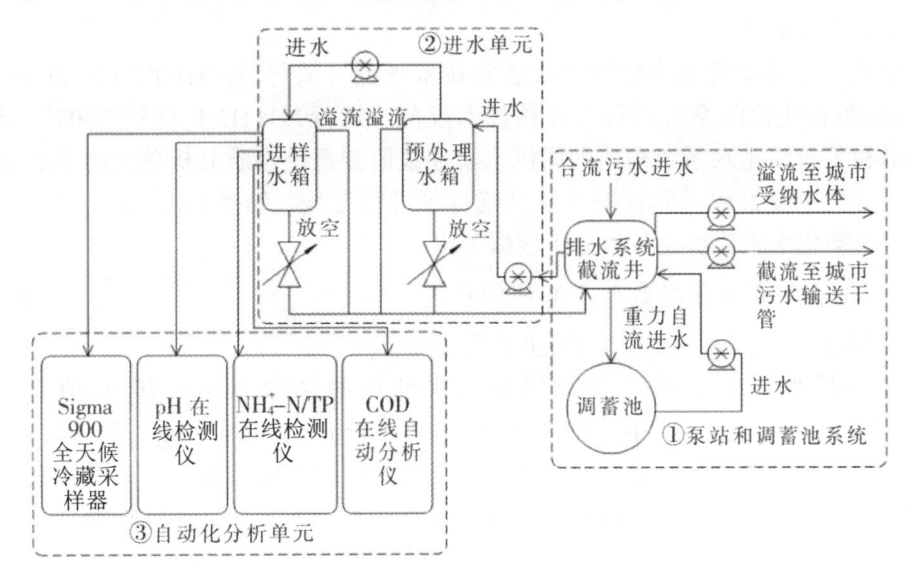

图3-2 自动化水质在线监测系统分析流程

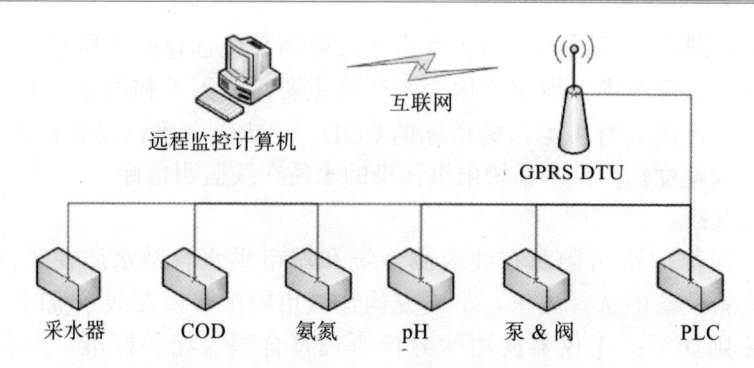

图 3-3 自动化水质在线监测系统远程控制与数据传输架构

3. 远程控制模式

利用远程控制和信息传输系统，根据是否降雨构建了以下三种远程控制模式：

①非降雨模式。COD 和浓度数据的采集间隔分别为 2 h 和 30 min，pH 值连续采集，自动采水器远程手动控制。②降雨模式。COD 和浓度数据的采集间隔分别为 45 min 和 10 min，pH 值连续采集，自动采水器受远程手动信号触发后自动工作，依据前期 5 min、后期 10 min 的采样间隔连续采集降雨管道出流水样。③手动控制模式。远程控制各设备的运转和数据传输以及水样的采集。

4. 准确性验证

依据《水污染源在线监测系统验收技术规范（试行）》（HJ/T 354—2007）和《水污染源在线监测系统运行与考核技术规范（试行）》（HJ/T 355—2007），对在新昌平和芙蓉江排水系统构建的雨洪水质在线监测系统水质分析单元的零点漂移、量程漂移、重复性误差和比对试验准确性等进行考核，结果均合格，表明在线监测系统自动化水质分析设备的分析数据可用。

（三）自动化水质在线监测系统的应用

1. 旱流污水水质特征及其变化过程监测

对新昌平合流制排水系统旱流污水的监测结果显示，其 pH 值、COD、NH_4^+-N 和 TP 浓度的平均值分别为 7.12 mg/L、242 mg/L、23.5 mg/L 和 3.41 mg/L，与上海中心城区其他排水系统以及其他国家和地区的旱流污水水质浓度水平相当。应用结果表明，此监测系统对排水系统旱流污水水质的长期、连续观测是可行的，获得的水质数据也是稳定和可靠的。

2. 雨洪水质特征及其变化过程监测

利用系统的 Sigma 900 全天候冷藏采样器，结合实验室水质分析，可进行排水系统初期雨洪水质特征及其变化过程的研究。以 COD 浓度为例，其变化过程如图 3-4 所示。

(a) 新昌平排水系统　　　　　　　　　(b) 芙蓉江排水系统

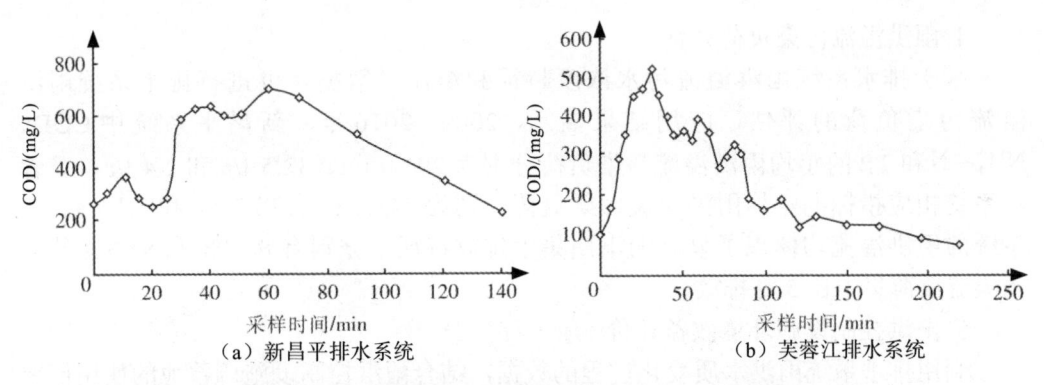

图 3-4　新昌平和芙蓉江排水系统雨洪污染 COD 浓度过程线（2011 年）

监测结果显示，新昌平系统初期雨洪中 COD、NH_4^+-N 和 TP 的 EMC 值分别为 487 mg/L、34.1 mg/L 和 3.93 mg/L，芙蓉江系统初期雨洪中 COD、NH_4^+-N 和 TP 的 EMC 值分别为 448 mg/L、15.6 mg/L 和 2.65 mg/L，分流制系统的初期雨洪污染浓度略低于合流制系统的。经过雨水调蓄池调蓄初期浓度较高的雨洪后，排放至苏州河的雨洪溢流污水的 EMC 值显著下降：新昌平系统雨洪溢流 COD、NH_4^+-N 和 TP 的 EMC 值分别为 229 mg/L、25.2 mg/L 和 1.86 mg/L，芙蓉江系统雨洪溢流 COD、NH_4^+-N 和 TP 的 EMC 值分别为 228 mg/L、9.3 mg/L 和 1.56 mg/L，分流制系统的雨洪溢流污染浓度略低于合流制系统的雨洪溢流污染浓度。

3. 雨洪出流初期效应判断

基于排水系统雨洪水质特征和变化过程，可进行排水系统雨洪出流初期效应判断（以 COD 为例，见图 3-5）。应用结果显示，初始冲刷强度受降雨强度的影响明显，中雨条件下，新昌平系统雨洪出流中 COD、TP、TN、TOC 和 SS 等污染物的初始冲刷强度 FF30 平均为 1.085%，系统存在微弱的初始冲刷效应；暴雨条件下，芙蓉江系统雨洪出流中 COD、TP、TN、TOC 和 SS 等污染物的初始冲刷强度 FF30 平均为 1.342%，系统存在较为显著的初始冲刷效应。

(a) 新昌平排水系统　　　　　　　　　(b) 芙蓉江排水系统

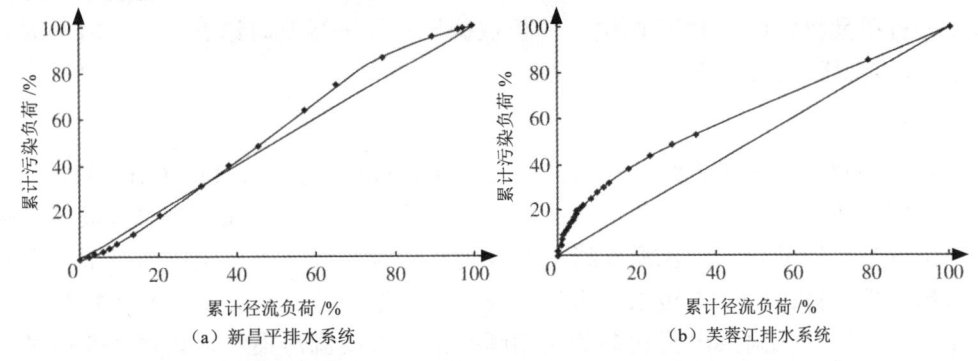

图 3-5　新昌平和芙蓉江排水系统雨洪出流 M（V）曲线（2011 年）

4. 雨洪溢流污染负荷评估

基于排水系统雨洪溢流污水浓度特征和溢流量数据，可进行排水系统雨洪溢流污染负荷的评估。应用结果显示，2009—2010年，新昌平系统中COD、NH_4^+-N和TP的年均雨洪溢流污染负荷分别为294.0 t/a、32.5 t/a和2.4 t/a，芙蓉江系统相应指标的年均雨洪溢流污染负荷分别为743.8 t/a、30.3 t/a和5.1 t/a。两系统的雨洪溢流均体现了显著的汛期集中排放特征，分别有88.3%和85.8%的暴雨溢流负荷集中在5月排放。

5. 雨洪控制设施环境效益评价

利用排水系统雨洪水质变化过程的数据，结合雨洪控制设施调蓄池的使用情况和雨洪溢流量数据，可综合评价调蓄池削减雨洪溢流量和溢流污染物的环境效益。应用结果显示，调蓄池发挥了较好的雨洪控制作用：2009—2010年，新昌平调蓄池的年均削减雨洪溢流总量为$5.37×10^5 m^3$，削减率为29.8%；溢流COD、NH_4^+-N和TP的年削减总量分别为261.7 t、18.3 t和1.58 t，削减率分别为47.2%、36.2%和39.8%。假设芙蓉江调蓄池正常工作，则2009—2010年的年均削减雨洪溢流总量可达到$4.48×10^5 m^3$，削减率可达到13.9%；溢流COD、NH_4^+-N和TP的年削减总量分别可达200.6 t、6.99 t和1.19 t，削减率分别为21.4%、18.9%和19.1%。

6. 雨洪控制设施运行优化

基于新昌平和芙蓉江排水系统存在雨洪出流初期效应的判断，提出优化调蓄池运行的建议如下：

在保障雨洪不漫溢出泵站集水井的前提下，适当提高调蓄池进水水位高度（具体高度可通过水力模型计算），以提高进水流速；或通过降低进水管道和调蓄池进水段的底部糙率系数，来降低管道沿程损失、提高调蓄池进水流速，以增加对排水系统管道沉积物的冲刷，提高调蓄池对雨洪污染的削减能力。

7. 系统自身运行状况判断

基于远程控制及数据传输系统，可对系统运行过程中可能出现的进水单元和水质分析单元故障以及PLC断电和分析数据异常等进行及时诊断，并及时采取有效措施，以保障现场设备的正常运行。

（四）结论

可运用自动化水质在线分析监测和自动化远程控制技术，以COD、TP和pH值作为城市排水系统雨洪污染的水质在线监测指标，利用在线监测仪等设备，构建基于雨洪控制的自动化水质在线监测及远程控制系统。该系统可为以下研究提供基础数据支持：①旱流污水水质特征及其变化过程监测；②雨洪水质特征及其变化过程监测；③雨洪出流初期效应判断；④雨洪溢流污染负荷评估；⑤雨洪控制设施环境效益评价；⑥雨洪控制设施运行优化；⑦系统自身运行状况判断。

四、成都路雨水调蓄池的设计和运行效能分析

合流制排水系统雨天溢流已成为上海城区水体污染的主要原因之一，排江污染负荷严重影响了黄浦江、苏州河水体功能的恢复，这种状况与上海市建设生态型城市、2010年世博会开展极不相称，亟须改善。

根据上海市第二轮环保三年行动计划的要求，水环境治理的重点是加快中心城区和水源保护区的截污治污，大力改善河道水质。上海在国内率先提出合流制排水系统污染物控制技术，旨在通过工程措施和管理措施，消除晴天时污水排入苏州河的现象，同时减少雨天溢流排江次数和溢流污染负荷。溢流调蓄池是合流制排水系统面源污染控制的一项关键技术，因此上海市规划建设梦清园、新昌平、成都路、芙蓉江、江苏路5座调蓄池，总容积为7.07×10^4 m³，已建成的苏州河成都路合流制排水系统雨水调蓄池已于2006年投入试运行，为国内首座投入运行的城市排水系统大型雨水综合利用设施。

（一）雨水调蓄池的设计

1. 服务泵站概况

成都路雨水调蓄池的服务泵站为苏州河37座沿线泵站之一的成都北泵站，属已达标排水系统，规划服务面积为306 hm²，设计暴雨重现期P=1年，径流系数ψ=0.8，雨水配泵流量为22.55 m³/s，单台流量为2.05 m³/s，污水配泵流量为3.3 m³/s，单台流量为1.10 m³/s。现状晴天污水量为5.85×10^4 m³/d，合0.677 m³/s。按现状污水量，计算配泵截流倍数$n_{配泵 3}$=（3.3-0.677）/0.677=3.87倍。

2001年的统计数据表明，该泵站年排江量达1.448×10^6 m³，在苏州河沿岸泵站排江量排名中列第三位，占排江总量的9%。

2. 工程设计

（1）总体布置

调蓄池总平面布置如图3-6所示。

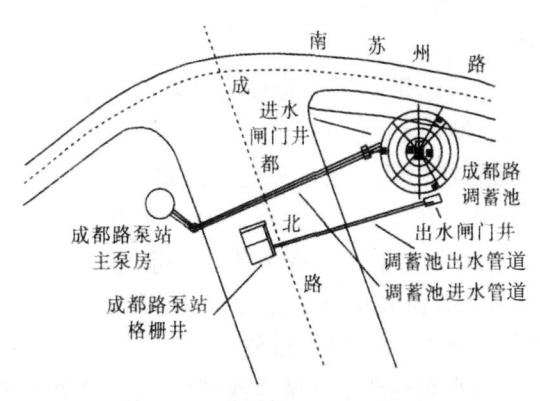

图3-6 成都路调蓄池总平面布置

调蓄池为圆形钢混地下构筑物，内径为 40 m，布置于成都北路东侧、南苏州路南侧规划绿地下，北距南苏州路红线 3.16 m，西距成都北路红线 25.24 m，南距地铁 1 号线 13.43 m，东距用地边界 7.84 m。现状地面标高为 2.60 m，调蓄池顶板标高为 1.60 m，顶板上部考虑 2 m 覆土及大树荷载。

池体总容积为 8 300 m³，有效调蓄容积为 7 400 m³，池边水深为 5.0 m，池中水深为 7.50 m，池中设有 4 m 的泵坑，泵坑深为 2 m，调蓄池底板标高为 -4.4~-6.9 m，以 1：7.2 坡向泵坑。

进水闸门井净尺寸为 4 m×2 m，内设 1 台 DN1600 双密封电动蝶阀。驱动装置采用 IP68 机电一体化驱动头。

出水闸门井净尺寸为 3 m×1.5 m，内设 1 台 DN1000 双密封电动蝶阀。驱动装置采用 IP68 机电一体化驱动头。

出水井净尺寸为 3 m×2 m，用于接纳 DN1000 出水管、DN800 溢流管和 2 根 DN300 水泵出水管。

2 台 22 kW 潜水泵安装在泵坑内，水泵出水管安装有 2 台 DN300 橡胶止回阀（用于断流）。

池边布置 3 台 10 kW 潜水搅拌器，呈 120°布置，池中布置 2 台 5.5 kW 潜水搅拌器，呈 180°布置，顺时针方向搅动水流，以防止泥沙沉积后板结。

（2）进、出水管道系统

调蓄池沿切线方向进水，从中心出水，使之具有自动清洗的功能。

进水管道管径为 DN1600，长为 100 m，管底标高为 -2.00 m。出水管道为 DN1000 钢管，长为 65.1 m，管底标高为 -4.40~-4.55 m。

（3）放空系统

调蓄池放空时，先采用 DN1000 放空管放空，水位降至 DN1000 出水管管中时，关闭放空管蝶阀，采用水泵放空。

（二）调蓄池运行及效能评估

1. 调蓄池运行情况

根据 2006 年的试运行结果，运行管理人员对调蓄池的进水、放空等模式进行了调整，于 2007 年正式投入运行。运行模式如下：

①晴天模式。泵房不使用调蓄池，关闭进水蝶阀、出水蝶阀。

②进水模式。泵房前池液位达 -4.50 m 时开一台雨水泵，如水位继续保持 -4.50 m 或上升，则开第二台雨水泵，关闭调蓄池出水蝶阀，开启调蓄池进水蝶阀。

③满池模式。调蓄池液位到达 0.6 m 时（设计最高液位），关闭进水蝶阀、出水蝶阀，通知泵站开启雨水出水闸门，排放苏州河。

④放空模式。打开出水蝶阀放空→调蓄池液位到达 -3.70 m 时，关闭出水蝶阀→开启 2 台放空水泵→调蓄池液位降低至 -7.9 m 时，关闭放空泵，放空完成。

⑤潜水搅拌器开启模式。调蓄池液位为 0.6～-3.40 m 时，5 台潜水搅拌器全开；调蓄池液位为 -3.40～-5.90 m 时，池中 2 台潜水搅拌器开启；液位为 -5.90 m 以下时，搅拌器全关。

2007 年成都路泵站共排江 15 次，调蓄池运行 10 次，其中 3 次未使用调蓄池的原因为连续多天降雨，造成调蓄池无法及时放空。总体来说，调蓄池在 2007 年汛期对于成都路排水系统的面源污染控制发挥了一定的作用。

2. 效能分析

（1）调蓄池进水水质和排江水质有较大差异

2007 年 10 月 7 日，成都路系统服务区域降雨量为 69 mm，降雨主要集中在晚上 21:00 左右，采集降雨过程中的泵站集水井水样，得到合流污水水质过程线如图 3-7 所示。泵站开泵情况为：21:36 开第一台泵至调蓄池，21:41 开第二台调蓄池，21:56 关闭调蓄池进水阀门，打开排江闸门。

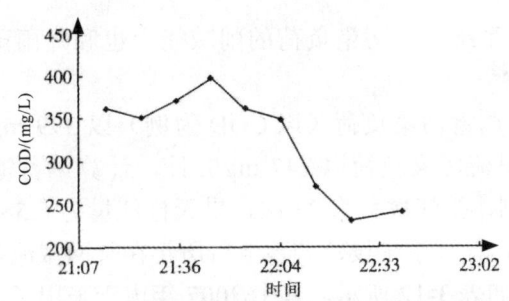

图 3-7　降雨期间污染物浓度随时间的变化

由图 3-7 可知，此次调蓄过程调蓄了污染物浓度较高时间段的污水。根据 2006—2007 年的采样数据，得到调蓄池进水 COD 为 366.5～431 mg/L，SS 为 263～270 mg/L；排江水 COD 为 132～235.4 mg/L，SS 为 64.7～158 mg/L。上述数据表明，调蓄池对排江污染负荷的削减作用较显著。

（2）运行效能评估

2007 年成都路雨水调蓄池对泵站排江水量和排江污染负荷的削减率分别为 4.7% 和 9.7%。

（3）调蓄池运行效能和降雨情况的关系分析

成都路泵站历年排江量及截流能力如表 3-11 所示。

表 3-11　成都路泵站历年排江量及截流能力

时间/年	年降雨量/mm	雨天年排江量 Q_D/m^3	雨天排江次数/次	旱天排江量/$10^4 m^3$	原系统截流比例 γ/%
2007	1 163（10 月之前）	116.3	15	0	59.15
2006	1 015.9	56.7	29	0	77.2
2005	1 023.4	160.8	13	4.8	35.82
2004	813.7	106.3	23	6.5	46.63
2003	730.8	51.8	11	4.2	71.05

成都路系统的年径流量 Q_A 为

$$Q_A = q \cdot A \cdot \psi / 1\,000 \qquad (3\text{-}3)$$

式中，q：年降雨量，mm；
A：服务面积，hm^2。

根据 Q_A 和 Q_D，计算截流比例，即

$$\gamma = (Q_A - Q_D) / Q_A \times 100\%$$

影响泵站排江量的主要因素是降雨的雨型，而不是年降雨总量，2003 年和 2006 年的雨天排江量相当接近，但是年降雨量相差 285 mm；2005 年和 2006 年的年降雨量接近，而排江量的差值为 1.04×10^6 m^3。2006 年年降雨量大，而排江量少，排江次数多的主要原因是该年降雨雨量较平均，系统的截流设施发挥了较大的作用。一般短时强降雨会造成合流系统截流能力得不到充分发挥，年排江量相应增大。

同样，调蓄池对系统面源污染负荷的削减能力也和降雨雨型的分布有很大的关系。

根据监测数据，调蓄污染负荷（以 COD 为例）以 399 mg/L 计，排江污染负荷以 183 mg/L 计，旱流污染负荷以 247 mg/L 计，计算调蓄池可削减的污染负荷比例。以 2004 年为例，排江次数为 23 次，旱天排江量为 6.5×10^4 m^3，调蓄池有效调蓄容积为 7 400 m^3，计算系统设置调蓄池后历年在管网截流基础上可增加的削减污染负荷比例，结果如表 3-12 所示，其中 2007 年由于采用了调蓄池，因此计算时排江量无须减去调蓄池的调蓄水量。

表 3-12　调蓄池削减污染负荷比例

时间 / 年	雨天年排江量 /10^4 m^3	污染物削减比例 /%
2007	116.3	16.7
2006	56.7	56.2
2005	160.8	15
2004	106.3	33
2003	51.8	34.3

由计算结果可知，由于年降雨量和年降雨次数不同，调蓄池发挥的效益差异较大。排江次数与调蓄池污染物削减比例的关系见图 3-8。可见，污染物削减比例和排江次数的变化规律基本一致，2000 年和 2003 年排江次数少，但污染物削减比例高，原因是系统存在旱流试车排江，当设置调蓄池后，试车的水排入调蓄池，系统可杜绝旱流排江，因此调蓄池发挥了较大的效能。

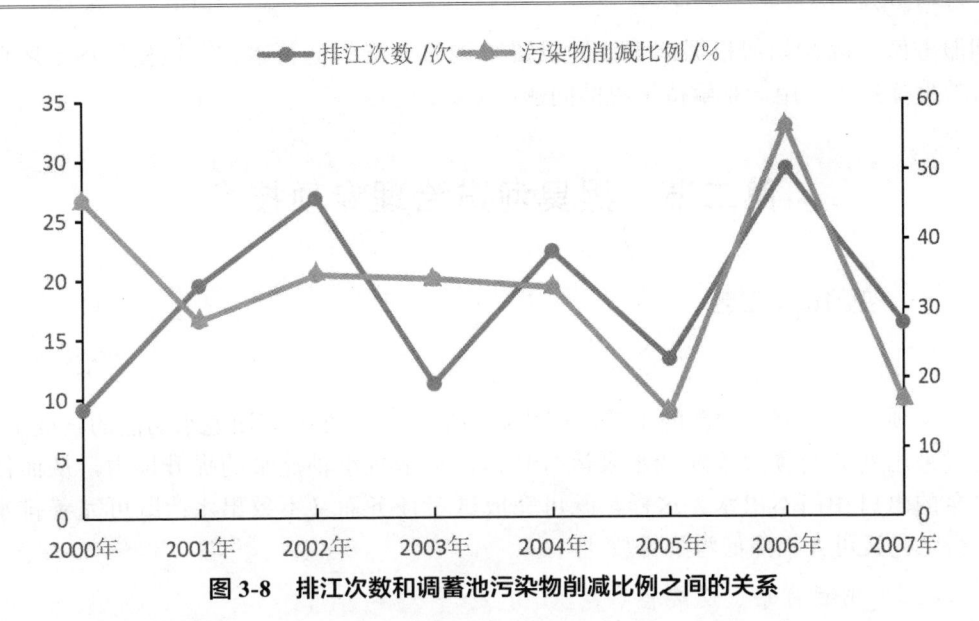

图 3-8　排江次数和调蓄池污染物削减比例之间的关系

（三）改进措施

调蓄池的运行效能除了和年降雨量密切相关外，很大程度上还取决于调蓄池的运行管理。针对运行期间发现的问题，提出如下改进措施。

①尽快实现泵站和调蓄池的联合调控。由于调蓄池进水、放空等模式的启动均由泵站集水井水位控制，与泵站截流泵和放江泵的运行密切相关，因此实现泵站和调蓄池的联合调控不仅便于调蓄池的运行管理，更是提高运行效能的保障。

②应建立常规的水质、水量监测制度。成都路调蓄池作为上海市第一个投入运行的调蓄池，其运行水质、水量数据对评价调蓄池的效能和指导后续调蓄池的设计运行都具有重要价值。目前，调蓄池的进水水质监测工作困难，建议在泵站集水井或调蓄池进水井设置 COD 在线监测仪，与雨水泵联合管理，以便于积累调蓄池的长期运行数据。

③设备选型应更切合实际。调蓄池的合理运行对削减面源污染量起着关键的作用。以 2007 年为例，调蓄池共运行 10 次，有效调蓄量为 57 810 m^3，比设计量（74 000 m^3）少 22%，而泵站 5 次未使用调蓄池的放江中，有 2 次调蓄池是闲置的，其原因为蝶阀关闭不严而造成调蓄池旱流蓄水，突发降雨前来不及放空而无法使用。成都路调蓄池选用的是蝶阀，因合流污水中垃圾较多，蝶阀常被堵塞或损坏，运行管理单位一旦发现问题就及时检修，但是这种常坏常修的局面并不能彻底解决问题，从而影响了调蓄池最大效能的发挥。

④优化调度，提高运行效能。成都路泵站位于合流一期输送管网的上游，因此泵站的雨天截流量和调蓄池放空受到下游支线泵站与彭越浦泵站运行水位的影响。其余 4 座调蓄池——梦清园、新昌平、江苏路和芙蓉江调蓄池也属于合流一

期服务区，因此如何根据调蓄池的设置来调整全线的运行水位，以使区内5座调蓄池发挥最大作用，是亟待解决的问题。

第二节 黑臭河道治理专项技术

一、变频试车工艺

（一）项目摘要

本项目是研究一种新的工艺，解决城市防汛泵站在没有回笼水功能的状况下，通过采用变频装置大幅降低水泵运行转速，尽量减小轴流泵的提升推力，从而使水泵的出口拍门不出水。这样，既可完成试车任务而又不致出水；既可完善排水运行工艺又可大幅降低污染排放。

（二）项目背景、必要性和意义

一般对于泵站内安装的轴流泵均有试泵的要求，对停运一段时间后的泵机进行较短时间（15 min）的运转试泵，目的是直观了解泵机运转时的各项运行参数是否正常，防止叶轮被淤泥或沉砂淤积，防止橡胶轴承中的橡胶部分与轴套粘接结垢，也可使电动机线圈发热驱潮而保持或恢复电动机的绝缘程度。可见，试车行为是设备运行管理过程中一项不可缺失的重要环节，是必不可少的。但是，长时间未开泵的集水井内的水由于没有雨水的冲刷一般都很脏且黑臭，COD浓度大大提高。而试车势必会将大量污染物排入江河水道，造成对周边水体环境的大量污染。

2015年4月，国务院出台《水污染防治行动计划》即"水十条"。"全面控制污染物排放"的要求，直接促使城市排水全面加强污水处理力度，禁止污染物直接排江。因此，回笼水改建项目应运而生，通过对放江、回笼水闸门的有效切换，使试车时泵机排出的污水不排江，而由回笼水管路回流至集水井处，最终完成试车过程。这种工艺流程适用于空间较大，有条件改建出水井结构，安装闸门，有充分空间敷设回笼水管道的泵站内实施。对于一些建造年代较久远、空间结构狭小的泵站，基本没有空间条件实施改建。并且，这类泵站一墙之隔往往又是居民或其他建筑物，若要实施改建工程，则必须先进行动迁，这样一来对于工程费用以及时间的耗费将无法预估。所以，对于这一难题，必须要求一种新的工艺，解决在没有回笼水功能的状况下，既能完成试车过程，又不将污水放江。为确保"水十条"的顺利实现，没有条件进行回笼水试车工艺的泵站，研究并实行新"试泵且不放江"的工艺迫在眉睫。

针对上述情况，需要找到一种切实可行、施工简易、操作方便且安全可靠的工艺以完成试车过程。在市政排水行业泵站中的水泵一般均有功率大、流量大、能耗高，但转速并不高的特点，这些对于老旧泵站则更为突出。在泵机本体上没有成熟方案的前提下，课题组在水泵的控制方面进行了认真研究及试验，通过采用变频装置，利用较低频率使泵轴缓慢转动，尽量使得轴流泵的提升推力趋于零，从而使水泵的出口拍门不出水。这样，既可完成试车任务而又不致出水；既可完善排水运行工艺又可大幅降低污染排放。

（三）本领域的水平

变频技术目前已经日趋成熟，且在国内外其应用的场合也日益广泛。一般变频器较多用于控制降低泵机的转速以减少流量而达到平衡输送和节能的效果，而仅用变频器的调频、定速功能控制轴流泵低速运转，来达到低速试泵而不排污的工艺过程是独创的，这种试车工艺的大胆设想和新尝试也是本次课题研究的创新点。

（四）主要技术方案

1. 系统所需硬件设施

低速试泵工艺依靠的不仅是理论设想，更重要的是物质支持。课题组选用变频柜、PLC控制柜各一套，通过与泵站现有设备系统衔接，组装完成低速试泵系统。

变频柜内安装的是ABB ACS510-01-125 A-4型变频器，通过变频器起到调频、选频、试频、最后定频的作用。变频柜将接入泵机主回路中。PLC控制柜起到了控制、保护的作用。

PLC控制柜通过触摸屏显示出部分实时参数，从而便于操作者操作该系统，该系统能够让操作者根据现场运行数据实时操控试车系统。CPU模块选择的是西门子SIMATIC S7-200 226 CPU模块，配套的DI模块型号是EM 231，DO型号是EM 232。而且在PLC系统中设有保护措施，防范由于人为不当操作引起的一些意外事故。

①互锁系统：该变频试车系统独立于雨水泵原控制系统之外，同时考虑与原控制系统的互锁功能，即水泵的全负荷运行与变频试车的两路控制方式只能且仅有一路操作有效，否则不仅会引起变频器的烧毁和损坏，而且将直接导致污水不正常排放。

②原有保护信号的引入：该PLC控制柜内引入电压、电流信号，一旦雨水泵在试车时电压、电流显示异常，控制系统将自行中断试车。另外，引入格栅前液位信号，一旦格栅前液位达不到试车液位，变频试车系统将无法运转。

③新保护信号的引入：考虑到低速试泵时，超过安全试泵频率数的误操作是绝对不允许的，所以在检测方面加入了四路控制反馈信号：一为温度传感器，由于泵机在低频旋转时线圈会有一定温升，设定一较低的温度限值可保证在非正常操作时，超温后快速停车。二为转速信号，取自变频器内部频率。限定的低频数可对应于相应转速，当有超预设转速值情况发生时即切电停车报警。该双重保护投入能更可靠地确保试车时不会因误操作而导致事故的发生。三为超声波流量计送出的流量信号，低速试车时一旦有污水排放，流量计立即给PLC传输停泵信号。四为时间信号，低速试车事先已经设定好试车时间，一旦到达试车时长，系

统将自动切断电源，立即停车。低速试车系统控制工艺图如图 3-9 所示。

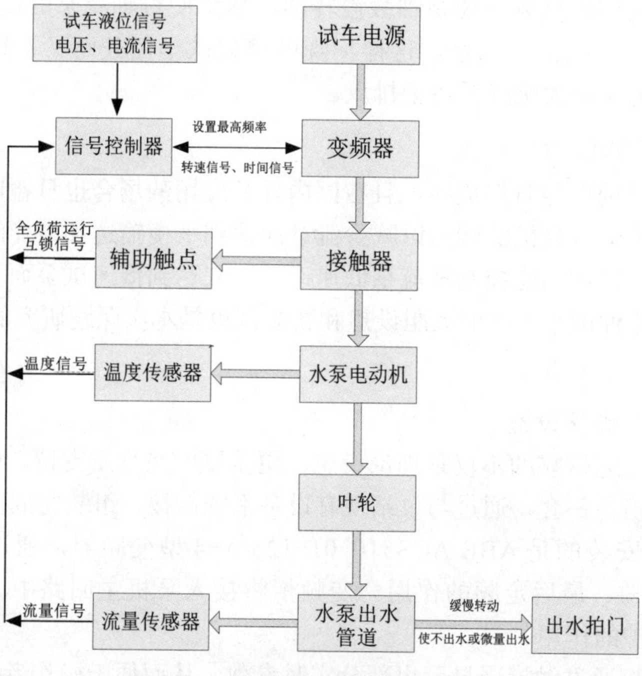

图 3-9　低速试车系统控制工艺图

2. 项目研究内容

（1）低速试车时工况点的调节试验

根据对水泵特性曲线的模拟及相关相似理论，并以多种工况下的反复试验，寻找最佳工况点，即在低频低转速轴流泵拍门不出水的临界频率下，再找到一个"安全频率"，既能保证试泵，又能确保设备状态完好。

（2）低速试车时冷却方式的调整

干式泵在正常运转中，填料函处必须有水流经，从而起到冷却功能，且冷却水出水情况要达到"滴水不成线"的程度。但干式轴流泵一旦进入了低速试泵工艺模式，轴流泵试车时的扬程就未必能够达到填料函处的高度，从而起不到水泵运转时的冷却功效。因此，需加装相关冷却管路，保证冷却效果。

（3）低速试车时影响电动机运行的若干因素

①电动机的温升问题：普通三相异步电动机运行于变频器输出的非正弦电源条件下，长时间运转，其温升可能明显增加。

②电动机绝缘强度问题：目前中小型变频器的载波频率变动使得电动机定子绕组要承受很高的电压上升率，相当于对电动机施加陡度很大的冲击电压，使电动机的匝间绝缘承受较为严酷的考验。另外，由变频器产生的矩形斩波冲击电压叠加在电动机运行电压上，在高压的反复冲击下电动机对地绝缘会加速老化。

③电动机对频繁启动、制动的适应能力：由于采用变频器供电后，电动机可以在很低的频率和电压下以无冲击电流的方式启动，并可利用变频器所提供的各种制动方式进行快速制动，为实现频繁启动和制动创造了条件，因而电动机的机械系统和电磁系统处于循环交变力的情形下，给机械结构和绝缘结构带来疲劳及加速老化问题。

④谐波电磁噪声与震动的影响：普通异步电动机采用变频器供电时，会使由电磁、机械、通风等因素所引起的震动和噪声变得更加复杂。变频电源中含有的各次时间谐波与电动机电磁部分的固有空间谐波相互干涉，形成各种电磁激振力波。当电磁激振力波的频率和电动机机体的固有振动频率一致或接近时，将产生共振现象，从而加大噪声。由于电动机工作频率范围宽，转速变化范围大，各种电磁激振力波的频率很难避开电动机的各构件的固有震动频率。

（五）研究结果

课题组先后在上海市城市排水有限公司负责管理的汉阳路泵站 2# 轴流泵、水电路泵站 1#、2#、3# 轴流泵上进行多次试验，试验过程及试验数据如下。

1. 汉阳路泵站初试结果

（1）2# 轴流泵试验数据及结果

2# 轴流泵试验数据及结果如表 3-13 所示。

表 3-13　2# 轴流泵试验数据及结果

型号	扬程 /m	流量（m³/s）	转速（r/min）	效率 /%	厂家
28 ZLB-70	7.23	1.33	730	82.5	上海水泵厂

（2）配用异步电动机

配用异步电动机试验数据及结果如表 3-14 所示。

表 3-14　配用异步电动机试验数据及结果

型号	功率 /kW	定子电压 /V	电流 /A	转速（r/min）	工作制	频率 /Hz	电机绕组最高温度℃
JSL12-8	155	380	296	735	连续	50	**70**

（3）安装、控制等其他信息

安装、控制等其他信息试验数据及结果如表 3-15 所示。

表 3-15　安装、控制等其他信息试验数据及结果

启动控制方式	直接		
进水闸门	有	出水闸门	有
A 相电压 /V	380		
B 相电压 /V	380		
C 相电压 /V	380		

（4）初试过程描述

试验前准备工作：关闭所有运转的水泵，通过测试出水高位井内水位的变化情况，以判定水泵是否出水。将出水闸门关闭后，利用手持式激光测距仪在高位井顶部进行多次测量，至水面的高程差数据为 5.8 m 左右。

试验过程：进行试泵操作，将频率逐步提升，泵轴亦缓慢转动起来，同时，对于高位井内水位进行间断式测量，当调到 12 Hz 时，数据有显著变化，变为 5.71 m、5.63 m、5.5 m，而且水面出现明显的水流。说明该转速时泵已有出水导致了井内水位的逐渐上升，则回调至 11 Hz，水位基本稳定在 5.7 m 上下，此时，说明泵未出水。同时，测试其他数据为：转速为 165 r/min；A-B-C 电流分别为：12.9 A、11.7 A、12.5 A。温度情况（定子硅钢片处）：在环境温度为 35 ℃时，刚启动时为 33 ℃，运行 10 min 后为 34 ℃。在第 2 次试验时，将出水拍门上方的压力井盖板打开，通过直接观察拍门处是否有出水予以确认，12 Hz 拍门略有出水，11 Hz、10 Hz 拍门没有水流出。因此，12 Hz 即为该泵临界频率。

（5）测试数据表

该泵站测试数据如表 3-16 所示。

表 3-16　汉阳路泵站测试数据

序号	变频器频率 /Hz	泵机转速 (r/min)	出水井液位是否上升	水泵在试车时是否出水	试车时长 /min	环境温度 /℃	电动机温度 /℃	电动机温升 /℃
1	12	180	是	是	15	35℃	36℃	0
2	11	165	否	否	15	35℃	35℃	0
3	10	150	否	否	15	35℃	35℃	0

（6）设备及试验过程照片

设备及试验过程照片如图 3-10 所示。

图 3-10　设备及试验过程照片

2. 水电路泵站两次试验结果

（1）2005年10月14日水电路泵站初步试验

10月14日晚8:30，天气晴，试验区污水泵、雨水泵都未开启，雨水进水井内液位平稳。选取1#雨水轴流泵进行试验。由于出水压力井盖板被封死，试验人员只能将1#泵填料函处盘根取走，直接从填料函压板孔处进行直观测试。变频器工作在10 Hz、11 Hz时能听到水泵下部管路内有水被扰动的声音，未见填料函压板孔处有出水，也未听见拍门被顶开的声响。当变频器工作在12 Hz时，只见水泵填料函压板孔处有冒泡现象，但未继续上窜，未听见拍门被顶开的声响。此时转速为232 r/min，污水进水井进水液位为0.92 m。可见变频器工作在12 Hz时，是水泵试车出水的临界值。

经计算，水泵工频运转下的额定扬程H_a为6.3 m，水泵工频运转下的额定转速n_a为985 r/min，将试验时变频器工作在12 Hz时的转速232 r/min代入n_b，求得H_b=0.349 m。

另求取H_c，填料函压板处标高（1 230 mm）减去污水进水液位标高（920 mm），所得的差值为H_c=0.31 m。

将H_b与H_c进行对比，两值相差0.039 m，已经很接近了。产生差值的原因有多种，如取绝对标高量时的误差，水泵运转在非正常工况，水头损失等。

（2）2005年10月21日水电路泵站试验

水电路泵站污水进水井与雨水进水井是相通的，10月21日全天下雨，污水泵基本一直处于运行状态，污水进水井液位和雨水进水井液位也一直存在不停上下浮动的差值，另外，雨水进水井液面由于污水泵一直开着，所以液面也一直处于搅动且上下起伏状态。10月21日当天，课题组想办法打开了雨水出水拍门上部的井盖，但是当时出水井内液位一直处于高液位状态，完全把出水拍门给淹没，试验时，根本无法直观地看到出水拍门启闭情况，课题组只能通过每5 min所测得的液位值进行比对，且时刻肉眼观察出水井水面是否有波动从而知道水泵是否出水。课题组对1#～3#泵分别进行了多次试验，发现这3台泵在10～12 Hz试车时，出水拍门处液位都没有浮动。所以下午15:45开始，课题组将试泵频率分别上调，想通过试验得知水泵在出水液位完全漫过出水拍门时要多大的转速才能将拍门顶开。于是课题组试出，1#泵在25 Hz时，拍门处于时开时闭的临界值。因为此时出水井内会时不时地有大量水泡及水头冒出。以此方式类推，得知2#泵的出水临界值为23.5 Hz，3#泵的出水临界值为22.5 Hz。另外，在1#、2#泵低速试泵过程中曾经闻到1#泵有明显橡胶磨损时发出的橡胶味，且观测到2#泵的填料函处温度有10 ℃的上升。

（六）分析与讨论

1. 低速试车时工况点的调节试验

从汉阳路泵站、水电路泵站的第一次初试和水电路泵站的第二次试验可以得到以下结果。

低速试泵且不出水时的求取工况的确定以及低速试泵工艺使用的时间的确定。

相似定理中的扬程比例定律只可在试验过后作为论证参考。扬程比例定律严格上是将模型试验运用到实型水泵设计上才有效，而对于同台水泵在特性曲线的有效范围之外只能以试验数据予以佐证，即 H_b 为正值时才可适用，亦即出水井液位较低并低于拍门底部时，一旦进水井液位较高，完全超过了拍门底标高和填料函压板标高时，H_b 就会变为负值，此时扬程比例定律在低速试泵时不起任何参考作用。真正的低速试泵且不出水的频率的定值必须现场试验求取。低速试泵且不出水的频率的试验条件为：进水井液位逼近雨水开泵液位，且出水井液位低于拍门底部并使得拍门明显外露。只有在这种工况条件下通过现场试验得到的低速试泵且不出水的频率的定值，才是真正的临界值。即只要这时低速试泵不出水，则任何工况下低速试泵都不会出水。

所以，我们建议低速试泵工艺尽可能回避低潮位试车，进一步确保试泵不放江。

参考水电路泵站 1# 泵和 3# 泵的试验数据，在类似的工况下，接近的时间段，1# 泵低速试泵且不出水的临界值为 25 Hz，3# 泵低速试泵且不出水的临界值为 22.5 Hz，这说明同一型号、功率的泵，只要安装在不同的管路上，就会有不同的低速试泵且不出水的频率。其原因是不同的管路特性，决定了水泵出水效率。也正是因为这个原因，低速试泵且不出水的频率，必须进行逐一试验，这个临界值是独有的。

2. 低速试车时冷却方式的调整

在水电路 1#、2# 泵低速试泵过程中曾经闻到有橡胶磨损时明显发出的橡胶味。2# 泵的填料函处温度有 10 ℃ 的上升。这些都说明低速试泵时填料函处都不曾得到过水的浸润达到冷却的效果，所以建议低速试车的水泵必须加装自来水冷却装置。

3. 低速试车时影响电动机运行的若干因素

（1）普通电动机低速试泵时不受温升问题的困扰

通过水电路泵站 3 台泵的试验数据可知，3 台泵在不同频率下试车时长都为 15 min，15 min 是短时间的低速运转，这段时间内电动机都无明显温升现象出现，甚至有时温度比室温还低，这是因为电动机自带了小型散热风扇，自带的风扇完全能够起到散热作用。另外，低速试泵系统自带超温保护。所以普通电动机低速试泵时温升问题在短时间内影响甚微。

（2）电动机绝缘强度问题

水电路泵站 3 台水泵试验都是低速启动，定速运转，不存在定速后继续调频的工序，这就使得电动机定子绕组不用承受很高的冲击电压。在每次试泵后都做了绝缘测试，测试结果显示电动机绝缘值无明显降低。这也说明低速试泵时电动机对地绝缘加速老化的可能性相对不大。

（3）电动机对频繁启动、制动的适应能力

水电路泵站 3 台水泵试验都是低速启动，定速运转，不存在定速后继续调频的工序，电动机的机械系统和电磁系统不会处于循环交变力的作用下，机械结构和绝缘结构的疲劳及加速老化现象可忽略不计。

（4）谐波电磁噪声与震动的影响

水电路泵站 3 台水泵运转在低速试泵时的 10 Hz、11 Hz、12 Hz 三个频率值时，无共振现象出现。这说明水电路泵站低速试泵且不出水的频率的取值已经避开了电动机的固有震动频率。

4. 效益分析

（1）经济效益

常规轴流泵试车且污水不排江的必要条件是要有回笼水管路的配合。而很多泵站不具备回笼水管路。要在这些泵站敷设回笼水管道的土建费预计在 300 万以上，但前提条件是有场地进行敷设管路。一些建造年代较久远、空间结构狭小的泵站，基本没有空间条件实施改建，这类泵站一墙之隔往往又是居民或其他建筑物，若要实施改建工程，则必须先进行动迁，这样所需的经费和时间相当之巨大。

轴流泵低速试泵工艺一旦试验成功并推广后，回笼水管路的试车功能将被取代。轴流泵低速试泵工艺的配套系统设备价格约为 50 万 / 套。对比上述安装回笼水管路所需费用，其效益是显著的。

（2）社会效益

轴流泵低速试泵工艺的实质是，通过变频器这一介质，利用其可以选频、定频的功能，使泵机运转在操作者所想要的频率上，从而达到试车的用途和目的。这种工艺是常规设备应用在新领域的一个突破口，具有很大的创新意识。

以一个泵站 4 台 28 ZLB-70 轴流泵，每个月试车 2 次，每次试车 15 min 的数据来计算单个泵站一年试车所需放江的污水量如下：

$$1.33 \text{ m}^3/\text{s} \times 60 \text{ s} \times 15 \times 2 \text{ 次} \times 12 \text{ 个月} \times 4 \text{ 台泵} = 114\,912 \text{ m}^3$$

轴流泵低速试泵工艺一旦试验成功并加以实施，每个泵站一年大约可以减少试泵排放 114 912 m³ 污水。根据排水公司对泵站旱流污水历史检测数据，有的泵站旱流污水 COD 浓度可达 300～500 mg/L，该项目实施后每个泵站大约可以减少 30～60 t COD 排放。

（七）结论与建议

排水泵站轴流泵低速试泵工艺是可行且必行的，且我们已经向国家知识产权局申请了发明专利，并受理通过，专利号：20160908412.4。

排水泵站轴流泵低速试泵工艺不只适用于干式轴流泵，同样也可适用于潜水泵，在以后的试验中，我们要引申该课题，将其推广和适用于潜水轴流泵上。

普通电动机作为变频电动机长期使用会存在若干问题，虽然排水泵站轴流泵低速试泵工艺运用了变频器的调频、定速功能去控制轴流泵变频启动、定速运转。这种用法有别于普通变频器用法，且本次水电路泵站的各项测试中未见电动机在低速试泵过程中有明显影响。但我们仍然将此作为一个引申问题继续存在，并在后期的使用中对电动机进行长期观察和检验，以便进一步讨论变频器对电动机造成的累积损伤及替代泵站回笼水工艺的优劣。

二、浮面垃圾收集及清除

现今泵站的集水池内，水面上会存在有大量漂浮垃圾，特别是周边有餐饮行业的泵站，由于废水中含有油脂成分，池内水在长期停留、发酵后会形成一种轻于水且漂浮于水面之上的污垢；再加上原本存在于雨污水中而一同汇入池内的轻质小块杂物、垃圾，尺寸又小于除污机栅片间隙不能被清捞去除，因此长期浮于水面之上，不仅影响站内环境美观，而且下雨开泵时会排入河道造成二次污染水体大环境，这在黑臭河道整治大背景下是绝不允许的。对于这些浮面垃圾，现在的清除方法是人工清捞，利用带网兜的杆子伸至池中一兜兜慢慢捞出至垃圾桶，费劲费力，操作员工苦不堪言，要么间断性让专业潜水人员进行清除，费用又较大，关键是这样的方法没有显著的长效性效果。

针对以上难题，设计制造出一种自动收集装置已迫在眉睫。该装置主要部件有收集斗、过滤网、潜水泵、回笼出水管、螺旋式垃圾提升机、升降丝杆、风琴式落料管、垃圾压榨机、液位计及控制部分。

（一）浮面垃圾收集部分

斗型收集斗浸没于水中，斗沿口低于水面 3～15 cm，螺旋式垃圾提升机下部开孔并与收集斗集合于一体，迎水侧为进水口（同时为垃圾进料口），背水侧为出水口，安装有一台潜水泵，之间有过滤网阻挡垃圾，潜水泵出水口安装有回笼水管至井的另一侧并升出水面。当开启潜水泵，泵强力吸水将斗内的水快速吸走，致使斗口周边水面的水要补充至收集斗内而流动起来，水则带着漂浮垃圾一并进入收集斗内，之后被过滤网拦截捕获，此时的垃圾已存在于螺旋式垃圾提升机的下部进料口处；水经过泵体，沿回笼水管回流至井另一侧由出水口喷出，适集水池结构调整好方向，以诱导水面垃圾向收集斗方向运动。若管路太长，水压不够，则可以加装增压泵进行升压。过滤网孔尺寸大小视想要去除浮面垃圾大小而设定。

（二）垃圾提升、落料及脱水部分

开潜水泵的同时，开启螺旋式垃圾提升机驱动装置，带动螺旋式垃圾提升机内的螺旋片旋转，将存在于下部进料口处的垃圾快速输送至上部出料口，通过风琴式落料管落入垃圾压榨机内。

（三）收集与提升装置的自动升降部分

上述漂浮垃圾收集装置需在水面之下的固定位置才能发挥功用。水面会有上下波动，且装置在收集垃圾时会随垃圾的多少有重量的变化，想让装置自动调节浮力而浮于水面下是不大可能的。所以设想一套上下可自动调节而升降移动的丝杆装置，如同闸门启闭用的丝杆，外加水面液位检测机构（液位计可以是超声波式、红外式、投入压力式等各形式），测算出水面水位变化信号，传入控制系统，由控制器判断水位变化方向而自动启动电动机减速器成套正转或反转，升降丝杆装置转动而调节支架上下移动，使收集装置始终在水面之下保证吸水效果。

收集装置示意图如图 3-11 所示。

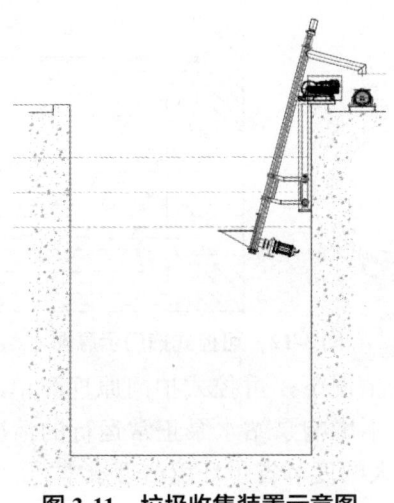

图 3-11　垃圾收集装置示意图

该技术的优点是打破了固有的人工清捞浮面垃圾的思维模式，开创了自动清捞浮面垃圾的先例。

该自动收集装置的应用，大大降低了人工清捞垃圾的劳动强度。并且，无论水位高低都能自动清除污水浮面垃圾，机械式自动收集清捞的方式不受时间限制，可时时在线使用，将水面漂浮垃圾清除得干干净净。若不及时将浮面垃圾清除掉，则在雨天开泵降水时，会伴随着雨水一起打入河道之内，造成没有必要的二次污染，处理难度与费用会更大。

三、可控式拍门

现今的拍门均是不可控制的，当水泵开启时，由已获取动能的水流将拍门推开，向河道中排水；当停运水泵时，没有水流出，拍门由自重自行落下而关闭。当外水位高于出水管口时，外水位静压力将拍门压住而防止水倒流至泵管路之内，不会使泵反转而造成事故；但当外水位低于出水管口时，拍门仅会靠自重自行关闭。其实，自关闭时，拍门门板与固定管平面间还是有间隙是可以漏水的，特别是在集水井前池水位高于河道外水位时，集水井通过水泵管路与外河道构成一个连通器，会有部分前池雨污水自行流入河道而不可控。这在黑臭河道治理的大环境之下是绝对不允许的。

针对上述难题，利用直流线圈的电磁技术，研制出一种可控式拍门。将直流线圈预敷设于固定的拍门门座上,在拍门相对应的位置安装能被磁吸的材料,当泵停运时,拍门处于关闭状态,直流线圈通电生磁,将拍门紧紧吸牢,拍门门板与门座接触的面上嵌有密封条,止水效果良好;当开泵时,同时直流线圈断电消磁,释放门板,待获得动能的水流到达拍门处时,拍门已处于自然状态而可被正常推开。可控式拍门示意图如图 3-12 所示。

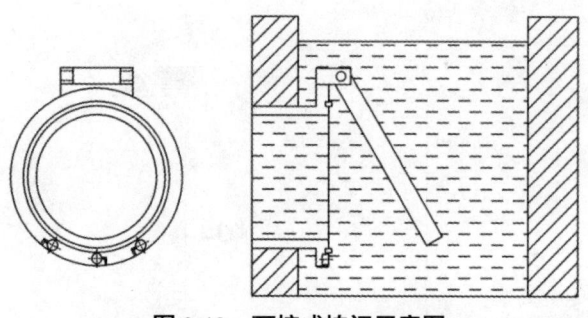

图 3-12　可控式拍门示意图

在不影响原拍门结构情况下,可控式拍门原理简单,组件简洁,实施效果良好可靠。其有效解决了在不影响泵站水泵正常运行的情况下泵站内由于特殊情况导致的污水外漏的问题,大幅度节省了环境治理成本。

第四章　配套管理技术及标准化

第一节　关于高压绝缘地毯安全用具电试合格证加装课题研究

上海市城市排水有限公司下属的所有泵站都含有高压电器设备及电器安全用具。高压电器设备每2年电试一次，而电器安全用具则需要每6个月电试一次。通过电试并合格的电器安全用具需要及时粘贴上电试合格证明，以便泵站操作人员使用该安全用具前查看。

作为排水公司下属的机修安装分公司，也一直承接着排水公司内部大部分安全用具电试的任务。该公司所出具的电器安全用具合格证明样式如图4-1所示

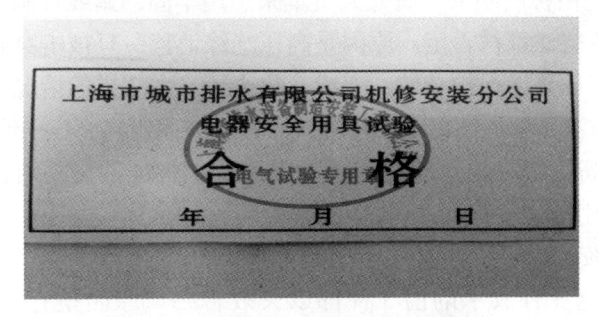

图4-1　电器安全用具合格证明样式

合格证明上必须标有承接本次电试的公司、安全用具合格的有效期，当然最重要的也就是中间最大的"合格"二字。该合格证明是一张做成粘纸状的白色小条。每当电试人员检测完一个合格安全用具后，就会将该证明标记上有效期后粘贴在该电器安全用具上。

该白色小条的黏性很好，粘贴在绝缘手套及放电棒等安全用具上时都很牢固，

且便于查看。但是唯独粘贴在高压绝缘地毯背面时效果不佳。原因有以下两点：①高压绝缘地毯背面是凹凸不平的坑洼面，普通粘贴纸粘贴在地毯背面时往往很难粘住。即使粘住，高压绝缘地毯在地上一移位，粘贴纸也会被摩擦撕毁。②泵站操作工拖地板时，高压绝缘地毯背面粘贴的合格证一直浸泡水中，导致原本不防水的合格证遇水泡发变得胀开，字迹变模糊甚至更易脱落。

因而，本公司提出，更改高压绝缘地毯上的电器安全用具试验合格证明的保存形式。要求更改后的合格证明能够长时间、完好且清楚地保留在高压绝缘毯上。

为此，我们做了本课题研究，并罗列了两套实施方案。

方案一：在高压绝缘地毯背部加装塑料证件袋。

研究人员打算在高压绝缘地毯背部加装塑料证件袋，目的是对电器安全用具试验合格证明起到保护和存放的作用。其样式如图4-2所示。

图4-2 塑料证件袋

该种证件袋厚度在1~1.2 mm，呈透明磨砂状，在封口处有2层自封条，可以起到防水保护功效。该种证件袋的优点是耐磨、纤薄、防水且价格便宜（1.5元/个）。

接下来，我们就开始讨论如何将证件袋固定在高压绝缘地毯上。

高压绝缘地毯由橡胶制成。研究人员本来想用牢固的蜡线打洞，把证件袋装订在地毯上。但是这些想法都被否定，原因是高压绝缘地毯一旦被击穿破洞，其绝缘值就受到影响，失去高压绝缘保护功效，变成一块废毯。在这样的情况下，研究人员只能放弃打洞装订的方法，考虑用以下两种方式将证件袋固定在高压绝缘地毯背部。

①在不磨损高压绝缘地毯表面的情况下用胶水将证件袋黏结在绝缘地毯背面。

研究人员共用了以下几种胶水：百得免钉胶、AB胶、热熔胶枪、UFO补鞋胶、非凡力补鞋胶。

可惜的是，这5种胶水的前3种都以失败告终。原因是它们虽然将证件袋粘贴在高压绝缘地毯上了，但是不牢固，普通人能够轻松将其撕下。后两种补鞋胶黏性比前三种大，但是想要彻底将证件袋牢固粘贴在高压绝缘地毯上必须要用沙皮纸将绝缘地毯表面打毛后，加上补鞋胶，耐心等待24 min才能达到研究人员预期想要的粘贴强度。这样做不但耗费时间，还破坏了高压绝缘地毯的完好度，影响了其绝缘值，使得绝缘地毯丧失绝缘保护。在综合考虑了几种胶水的性能和使用方法后，研究人员放弃用胶水将证件袋黏结在高压绝缘地毯背面的方案。

②用绝缘夹子将证件袋夹在高压绝缘地毯背面。

研究人员采用了以下几种夹子：ABS 高弹力塑料弹簧夹、电工专用夹、普通金属燕尾夹、塑料夹条夹。

以下是各种夹子的优缺点及实用性评论：

a.ABS 高弹力塑料弹簧夹：非金属材质不导电（优点）；尾部凸出，如果夹在高压绝缘地毯上人容易绊倒或者被踢掉（缺点）；虽然绝缘不导电，但夹子强度不是很大、实用性低，不推荐使用（实用性）。

b.电工专用夹：夹子强度比 ABS 高弹力塑料弹簧夹大（优点）；外部是塑料材质不导电，内部是金属材质导电，尾部凸出，如果夹在高压绝缘地毯上人容易绊倒或者被踢掉（缺点）；夹子强度可以，虽然属电工专用夹，但内部仍然有金属材质，安全系数没 ABS 高弹力塑料弹簧夹高，外加尾部突出，不推荐使用（实用性）。

c.普通金属燕尾夹：夹子强度是 4 种夹子中最大的，试验人员用脚踢好几次才会被踢掉，尾部不凸出（优点）；金属导电，无安全性（缺点）；虽然强度、夹子样式都是最理想的，但是由于其导电性，故此直接被否定不予使用（实用性）。

d.塑料夹条夹：样式不错，尾部不突出、塑料不导电（优点）；塑料是脆性的，时间久了容易裂变（缺点）；夹子强度在 4 种夹子中排第二位，但是试验人员还是一脚就能踢飞的，脆性材质，使用时间不久，不推荐使用（实用性）。

通过对以上四种夹子的各方面对比，研究人员认为，金属材质燕尾夹是强度最强，样式最好的，但因为其导电性被否定使用。其余三种夹子优劣势对比后推荐实用性呈以下公式：塑料夹条夹＞ABS 高弹力塑料弹簧夹＞电工专用夹。

方案二：刻章，加盖在高压绝缘地毯背面。

研究人员考虑到另外一种思维方式：直接将高压电器试验合格证明以印章形式加盖在高压绝缘地毯背面，这样就可以避免加装塑料证件袋的麻烦了。要在橡胶绝缘毯上加盖印章，首要考虑的是：①印章的印油必须是防水材质（高压绝缘地毯一直受潮）；②印油颜色要显眼；③印油长时间不褪色。

就此三点，研究人员买来了一种防水材质的印油：台湾 Shiny 新力万能不灭快干印油，专用于塑胶（PE/PP/OPP）、所有无吸墨性纸张、金属、皮革、布、木材、玻璃、陶瓷、云石、压克力、瓷器、玻璃纸、PVC 等材质。

快干型不褪色工业印油，即印即干，耐水，耐高温；印迹速干、历久清晰，永不掉色。采用快干油性染料系印油，印迹快干清晰，防水性、耐光性及抗褪色性俱佳。

另外，研究人员又加刻了"电器安全用具试验合格专用章"。

第一种印章大小为 55 mm×35 mm，椭圆形，内置日期拨盘的合格专用章，如图 4-3 所示。

图 4-3　椭圆形印章

加盖印章后，高压绝缘地毯放置室外风吹日晒雨淋，外加湿毯脚踏 15 天后，效果图如图 4-4 所示。

图 4-4　加盖椭圆形印章地毯放置室外后效果

第二种印章大小为 80 mm×55 mm，长方形，普通印章，如图 4-5 所示。

图 4-5　长方形印章

加盖印章后，高压绝缘地毯放置室外风吹日晒雨淋，外加湿毯脚踏 15 天后，效果图如图 4-6 所示。

图 4-6　加盖长方形印章地毯放置室外后效果

第一种印章优点是内部有日期拨盘，可以设置有效期；缺点是由于章面太小（55 mm×35 mm），章盖在地毯上如果油墨浓度未调整好，则清晰度会不够。

第二种印章优点是章面大小合适（80 mm×55 mm），油墨无论调配得多少，加盖在地毯上效果都很完美；缺点是没有内置有效期拨盘，需要额外用不褪色的油性漆笔标注有效期。

在对比两种章的实用性和优缺点后，研究人员推荐使用第二种印章。

关于如何在高压绝缘地毯上保存电器安全用具试验合格证明，研究人员最终通过对比的方法来决定使用哪种方法，对比考虑以下4个客观因素：便捷性，耗时短，合格证明保留的持久性及防水性，返工率。

（1）便捷性

方案一：必须再指派一支队伍对排水公司所有下属泵站的高压绝缘地毯进行加装证件袋的工作。

方案二：无须多指派队伍，只需让电试人员佩戴事先刻好的章及采购的印油及印台，就可完成操作。

（2）耗时短

方案一：如果采用胶水粘贴证件袋的方法，一块高压绝缘地毯需要耗时24 h。如果采用夹子夹住证件袋的方法，一块高压绝缘地毯需要耗时10 s。

方案二：采用加盖印章及填写日期时间的方法，每块高压绝缘地毯耗时约1 min。

（3）合格证明保留的持久性及防水性

方案一：胶水粘贴法及夹子法都存在证件袋掉落的情况，且保留的持久性不高。另外，证件袋也会存在使用时间长了产生破损、磨毛、漏水、变脏模糊等情况。

方案二：合格证明以加盖印章的形式保留在高压绝缘地毯上的持久性和耐水性都肯定长达6个月之久。

（4）返工率

方案一：存在返工率，但返工周期要另行讨论。

方案二：不存在返工这个说法，每隔6个月就会有新的合格证明以印章的形式被加盖在地毯上，新的印章会更替旧的印章。

综上所述，研究人员在多种试验、优缺点对比分析的情况下，最终推荐使用方案二刻章中的第二种印章。

第二节　机电安装工程施工技术与质量管理探析

机电安装工程作为建筑工程中的重要环节受到人们越来越多的重视，人们对其施工技术的要求不断增多。因此相关机电安装工程工作者必须高度重视机电安装工程施工技术的质量控制工作，深入研究机电安装的施工技术、技术发展特点以及着重培养机电安装工程的施工人才，不断规范机电安装的整体施工流程，使得自身的技术水平得以提升，确保施工质量。

一、机电安装工程的关键施工技术

机电安装工程在进行具体的施工操作时，要严格规范机电安装工程的施工操作流程，确保操作有序。本书重点介绍如下三个关键的施工技术。

（一）低压配电箱安装及调配技术

安装低压配电箱一般在建筑居室内进行，安装前要检查配电箱中盘面上涂抹的漆的表面是否光滑，并选择显眼的位置将低压配电箱装置指示标志涂抹在上面。安装时要时刻注意电箱盘架的牢固性，低压配电箱地板下方不可安装任何电器。在低压配电箱的使用过程中可能出现开关电器时较大电流通过电箱的情况，为了确保配电箱使用的安全性，可以考虑使用具有优良的防爆阻燃性能的配电箱。在安装时，需要紧邻墙壁时，要在配电箱的箱体下缘和地面之间留置1.2 m左右的垂直距离。配电箱中电度表盘的位置要和地面保持一定的距离，一般为1.8 m左右；若为立式铁架，则垂直距离为2.1 m左右。要将低压配电箱的母线用不同的颜色进行划分，A相为黄色、B相为绿色、C相为红色，以便于安装人员辨别和安装，提高施工的准确度和施工效率。

（二）室外配电箱安装及调配技术

因不同的配电箱可发挥不同的功效以满足施工要求。在具体的施工操作中，机电设备安装人员要使选用的配电箱符合工程要求和建筑使用要求，在安装和选用前，必须充分考虑整个建筑工程的机电设备的设计性能和配置。并且要将施工过程中可能出现的问题列举出来，以便于及时调整配电箱安装过程中遇到的问题，更好地适应施工工程要求。针对室外配电箱安装的特性可知，在安装之前要充分考虑其防雨性，设计好配电箱防雨罩的安装位置，要做好一系列的防雨罩的加固工作，避免出现安全问题，保护配电箱，获得良好的使用效果。

（三）机电系统安装调试技术

机电安装工程涉及一整套机电设备的安装工作，因此必须重视各个设备的安装要求，并达到统一的质量标准，要做好机电设备系统内部参数的对接和调试工作，以确保机电设备运行稳定，且有较强的适用性。这就要求机电设备安装人员在安装之前对各个机电设备的运行参数有整体的了解，在安装完成后对机电设备进行试运行，及时排查设备，对于发现的故障点要及时地进行调试，确保系统运行稳定，为机电设备系统投入使用后的效果提供保障。笔者在施工现场调查发现，施工人员对机电设备进行试运行的故障排查项目主要包括：①调试前的准备，要根据调试要求检查机电设备的各项数据和参数，对其进行相关匹配性操作，要确保调试的运行环境符合调试要求；②对运行情况进行查看，做好故障排查，对供电系统各项参数是否在额定数据范围内进行重点排查，运行电压、电流应正常，各种仪表指示正常。一旦发现运行中的问题要立刻将设备停止运行，最大程度地避免故障对设备的损害。

二、施工技术质量控制的有效举措

（一）做好与机电设备相关原材料的控制

影响机电设备安装和运行效果的关键因素之一是机电设备材料的选用，机电安装工程要求使用较高质量的原材料，如配电器、变压器等，若出现质量问题，将直接影响机电设备工程的整体质量。因此，机电设备工程的相关工作人员必须在施工前期认真做好施工材料的质量控制工作，确保选用的材料具有合格证，确保施工材料符合设计要求，为接下来的施工打下良好的质量基础。

（二）做好关键施工技术的质量控制

在严抓机电设备安装过程中，关键施工技术的质量控制是保证机电设备安装工程质量的重要措施。在完备的质量监督管理体系下，施工管理人员要从施工开始的第一个阶段就要实时分析施工操作和施工技术要点，根据不同的施工技术要点的特征，进一步探索适合工程要求与施工环境的技术管理措施。为了确保做到对关键施工技术的质量控制，施工单位在进行技术交底时，应该和施工人员进行讨论，一旦发现不合适的地方，就要及时和相关机电设备厂家及设计单位联系，确保得到有效的沟通和反馈，帮助施工人员在整个施工过程中，了解施工技术要点。与此同时，施工单位要根据工程的实际状况更新技术管理文件，及时调整技术管理的质量控制措施，确保实现有效管理，使得机电工程安装质量得以提高。

（三）严格执行施工质量控制规程

在建筑工程质量控制过程中，有一个多位一体的控制理念，即从监理、监控、测试、检查等多个环节对工程进行质量控制。这一控制理念可以合理地应用在机电安装工程中。质量控制人员应该严格遵守建立起来的质量管理体系，做好监理工作；还应该时刻做好更新质量控制规程的准备，根据诸多突发状况，做好质量控制规程的补充，尽可能使施工质量控制规程涵盖更多的突发状况和处理办法，最大程度避免突发状况给工程带来的损害及安全隐患。施工单位在施工过程中，为了确保工程质量，会从不同角度实施优化策略，但要注意不能盲目注重工程质量，而忽视科学的管理制度；在进行施工技术的质量控制时，应该根据工程实际情况选择合适的施工技术，使得施工技术和施工质量要求相匹配。安装企业自身也应该不断优化内部结构，不断学习先进的管理理念，为自身的管理体系不断注入新的能量，最终实现现代化管理。

三、结语

为了确保机电安装工程质量,要充分做好施工前的准备工作,控制原材料的选用,制定科学合理的施工方案,然后按照施工方案施工,严格遵守质量标准,加强施工人员的技术和安全意识培训。在施工过程中做好质检工作,确保施工的每一个环节符合质量规范,以推动机电安装工程施工的规范化发展。

第三节 建筑机电安装施工安全管理及质量管理分析

一、建筑机电安装施工常见的安全管理问题

(一)安全意识薄弱

在机电工程施工现场,对于文明施工意识薄弱,认为文明施工是敷衍检查;材料及废弃物乱堆乱放,道路不畅通;施工现场不做封闭管理;防火意识差或灭火器材配置不合理;施工现场与工人住宿混合、混乱;施工现场无明显的安全标识等,以上问题应从个人抓起,具体细化,要落实责任。

(二)资料信息管理混乱

施工安全技术资料的真实性、准确性、全面性及方案审批不认真或不符合规定;机电工程施工的每一个施工步骤都应有相关的技术资料支持,才能保证施工安全和施工质量。

(三)施工用电不规范

施工用电必须做到三级配电二级漏电保护,做到有一机一闸一漏电的规范配电箱。配电箱不标准、配电线路乱拖乱挂,配电箱安装设置不恰当,配电箱内开关参数不匹配实际使用,忽略安全接地线路,这些情况都是机电工程施工现场的安全隐患。

二、提高建筑机电安装施工常见的安全管理措施

(一)加强安全管理

机电设备安装使用材料类别多,使用机具较多,要使施工现场更加井然有序,必须强调安全文明施工,开展"施工现场安全文明"交叉检查活动;规范化管理,执行落实到个人,切实做到每一个细节,杜绝因小问题引发的安全事故。落实安全责任制,制订安全工作计划、方针目标,并要落实负责人贯彻实施;从上至下,公司到部门,部门到班组,定期组织安全检查活动。

(二)机具的定期养护检测

由于机电设备安装的特殊性与专业性,常常使用到特种作业施工机具,其

高精度的安装要求更使得使用的施工机具是施工质量及安全的关键。因此施工机具在采购使用前要注意其是否具有生产许可证、产品合格证等，在进场施工前对机具进行复验，确保施工机具等设备的可靠性、准确性、安全性。同时必须做到机具使用前、使用中、使用后定期进行"一听二观三检测"。机械设备和施工人员的安全是紧密连在一起的，因此一定要保障施工机具的合格、安全、标准，防患于未然。

（三）配电线路的管理

机电安装工程对施工用电配电要求严格，用电次数多，用电量也多，并且带电操作频繁。设备安装施工现场如果配电线路敷设不规范，乱拉乱挂，电线电缆裸露不做防护，则会使用电安全事故频发。

三、建筑机电安装施工中存在的问题

（一）噪声和振动问题

建筑机电施工质量控制中噪声和振动问题一直存在，特别是在一些人员分布较多的位置上，对这项内容就更需要严格控制，在机电设备中风机以及变压器和各种水泵等大型设备相对比较容易发生类似问题，如排水装置在安装过程中很可能会产生一些振动问题，甚至是产生噪声污染，严重影响人们的生活质量。

（二）机电基础设施问题

机电工程安装工作中，包含着对很多基础设备的综合应用，只有保证基础设备质量能够满足工程需要，才能对整个安装结果形成更好的效率，但是从目前我国建筑工程机电安装实际工作中来看，很多单位虽然将机电工程作为重点来把握，但是对基础设施却没有更多关注，导致质量上较为松懈，这样对后期施工质量造成非常严重的影响。

四、建筑机电安装施工质量控制

（一）完善前期图纸设计和管理

前期图纸设计和管理工作在整个工程建设中处于基础位置，因此对于设计图纸来说，不仅要保证图纸的数量，还要保证图纸的内容的提升，根据现场实际情况，对图纸进行完善。图纸设计工作有其自身特点，主要表现在其有效性及协调性上，图纸有效性主要是对各项工程之间的联系进行纵向把握的，而协调性使图纸之间能够相互联系，为彼此进行说明，对设备整体布置平面以及原材料和各个原件之间的关系进行明确。

（二）安装施工过程控制

机电安装工程前期设计工作完成后，就正式进入了施工阶段，对材料及设备

进行准备后，对管线进行严格布置，根据管道所布置方向对前期设置好的模板进行安装，根据管线不同设置形式、管道不同功能，通过颜色不同对不同设备进行标识，配电设备盒子位置要突出一些，完成之后对模板进行拆除，这是要保证设备能够完全设置在混凝土底板下面的位置，这样视线不容易受到阻碍。穿线工作完成后，将废弃的不同管线扔掉，对于消防配电箱及风口设置等要进行相互协调和配合，根据土建工程施工图纸所规定的内容，按照预留尺寸和高度进行预先设置，预留的洞口要避免形状出现太大偏差，这就需要对管线进行定位以及将洞口模板固定得更牢。同时小洞口设置是为了避免混凝土出现破坏，需要严格掌握拔出时间，还有一点就是为了保证模板工程不发生位置移动，以形成标准的尺寸和形状，可以采用投影方式进行放线工作。

（三）加强安装施工组织工作

机电安装工作很关键，工程是否能够按照预定进度完成施工，就在于安装施工组织工作是否完善，因此为了更好保证施工组织工作更好地完成，一定要选择综合素质强大、执行能力快速的团队，同时对组织管理工作计划进行严格制定，根据实际情况做出相应调整，保证安装工程中各项信息能够及时传递和反应，同时应注意合理、及时地解决组织管理中的矛盾冲突和意见分歧，加强团队整体的理论水平，保证组织管理的权利和义务得到落实。

总之，在建筑施工中，只有深入贯彻落实科学发展观，建立健全安全生产责任制，同时认真执行落实，才能保证施工安全。保证施工安全才能保证施工质量。保证建筑机电设备安装工程的质量，才能推进建筑机电设备安装技术的发展。

第四节　企业信息化建设初探

信息与互联网技术的迅猛发展，给企业带来了新的要求和挑战。运用信息技术手段与企业管理接轨，创新管理理念和管理方式，可以更有效地实现企业的战略目标，推动企业结构优化和战略升级。充分利用企业信息和数据的共享与传播，可以切实提升企业的竞争力。企业信息化对企业的发展具有现实和深远的意义。

一、企业信息化的概念

结合以往学者和从业者的研究，笔者认为企业信息化就是企业在生产、管理、流通和服务等各个环节中，结合自身业务的特点，充分考虑外部环境变化，利用现代信息技术，整合信息资源，实现企业自动化、智能化、规范化的过程。其本质是通过信息资源的整合和快速传递，提升企业的效率和竞争力。

二、企业信息化建设中的问题分析

目前，云计算、"互联网+"、大数据等新概念的涌现，使企业信息化建设进入了一个全新的发展阶段。虽然我国企业的信息化建设进程发展迅速,但是仍然存在着很多的障碍和问题,主要表现在以下几个方面。

(一)缺乏顶层设计、统筹部署

企业的信息化建设绝不是一个简单的技术问题,而是一个庞大的系统工程。只有将其纳入企业的战略规划,与企业的长期发展规划相结合,加强顶层设计、统筹部署,才能利用信息化的优势和互联网思维打造企业的竞争力。国内很多企业信息化建设初期所形成的"信息孤岛"和"信息化封闭状态",已开始阻碍企业效率的进一步提升,同时也正加大企业信息化建设和维护的成本。大部分的企业管理者已经意识到,缺乏顶层设计的信息化建设,其作用是非常有限的。对于国内企业来说,信息技术和企业规划的融合还有很长的路要走。这不仅仅需要技术的发展,更需要企业的管理者们有创造性地、有魄力地运用互联网思维进行管理创新。

(二)企业的信息安全问题

信息的安全问题和科技的发展一直是相生相伴的。信息安全问题也是企业信息化建设的一个重要问题。在大数据时代,掌握信息就意味着掌握未来,信息已经成为企业宝贵的资产和财富。信息安全问题涉及企业的生产、管理和重要的数据,其如果受到偶然的或者恶意的破坏、中断,将给企业带来重大的损失。现实情况并不乐观,据统计,我国大部分企业在信息安全方面的投入在企业基础投入中所占的比例不到2%,远远低于西方国家的5%~15%,与此相对应的是在全球范围内中国的网络安全水平处于最低层。企业信息安全的主要威胁还是来自外部,但内部因素也不容小觑。网络世界千变万化,信息的安全维护系统也应当实行动态管理,避免因安全问题给企业和客户带来风险。

(三)企业专业人员匮乏

目前,大部分国内企业都是通过聘请专业的计算机技术人才或外包商,来对企业的信息化建设进行开发和维护,这基本上可以满足企业基本的信息化建设的需求。然而,既懂得公司业务和经营之道,又懂得信息技术的员工,特别是中高层员工缺乏,因此企业的信息化建设难以纵深贯彻,依然停留在比较基础的层面,这也在很大程度上制约着企业信息化的发展。

(四)国内相关的法律法规不完善

企业的信息化建设是国家信息建设的重要组成部分,国家发布配套的法律法规是企业信息化发展的保障。总体来说,我国信息化建设还是比较薄弱,相应的法律法规并不是非常的健全。电子商务的发展对信息化建设又提出了新的问题和挑战,这也要求相关的法律法规要跟上发展的步伐。

三、企业信息化建设的对策及建议

企业信息化建设需要各方面的推动和努力,结合上述提出的现状问题,笔者尝试从企业本身和外部环境两个维度来提出相应的对策和建议。

(一)针对企业的建议

1. 将企业信息化建设提高到战略地位

企业的信息化建设工作与其说是技术工作不如说是管理工作,只有当信息化的技术和企业的长远规划、管理理念、管理流程深度融合,才能发挥其最大效能。企业有必要将信息化建设作为企业的战略目标之一,有计划地推进信息化的建设。在充分把握发展形势和企业内部的发展规划、经营策略、人力资源、管理、技术等各个方面的情况下,诊断企业信息化需求和发展趋势,确定企业信息化建设的方向和定位。企业信息化的建设是动态、螺旋式上升的过程,在这个过程中企业要遵守整体规划、细分落实、不断修正的原则。企业的管理者要结合实际,抓住新技术的机遇,对固有的形式进行变革和发展,不断提升企业信息化水平。

2. 强化信息安全管理

从企业内部的视角来看,信息安全无非两条途径:一是在思想上重视信息安全的问题;二是在技术上对信息进行防护。对于信息安全,无论是公司的管理者还是普通员工都应当重视,树立正确的信息安全意识。企业领导层要建立一个完善的信息管理制度,加强信息的监督和管理,做好危机预防和危机处理,定期进行安全检查,构建一个完整的信息安全防范体系。在技术上,企业也要做好信息安全的防护措施,保证企业信息网络安全运营。技术上的管理主要包括企业信息系统的定期检测和维护、数据的保护、防火墙的检查和一些日常的设备及系统的维护、提升危机预警等级等等。

3. 培养管理信息化人才、加强内部培训

企业要重视信息化人才,结合企业发展需要,培养一批既懂业务和管理又懂信息技术的人才,加快信息化人力资源的积累,创新传统的管理模式。另外,企业要加强对普通员工的信息技术培训,让员工能够轻松适应信息化潮流,而是不让信息化成为员工工作上的负担。只有不同位置上的员工都能接受和适应信息化的建设,企业的信息化建设才能真正地推进和发展。

(二)对外部环境的倡导

1. 形成行业内部的信息化标准

由于行业内部的竞争和现实情况不一,企业往往对信息化方面的信息非常谨慎,采取保密的态度。笔者认为,信息数据确实需要遵守保密的伦理,但关于技术上的交流和互动则会让企业之间扬长避短。企业发展各异,如果行业内部有一个牵头组织(如行业协会)来推进行业内部的标准化建设,集结众多企业的信息化成果，搭建企业信息化运作机制，博采众长，这将会大大提升信息化的建设水平，也有利于我国信息技术的发展和进步。

2. 完善相关法律法规

目前，对于我国在信息化方面的法律法规，更多的是从宏观的角度来促进其发展，而企业在现实中遇到的问题是形形色色、多种多样的，如会遇到一些模糊的边界问题，给企业和员工带来困扰，尤其是关于企业和员工个人隐私等数据的保护方面。笔者也倡导相关政府部门能够深入调查研究，评估当前的法律法规，结合企业在信息化建设过程中实际遇到的问题和漏洞，对当前的法律法规进行完善。同时，借鉴西方国家的相关法律法规，在本国国情的基础上，进行本土化创新。

四、结语

企业信息化是一个系统的工程，它与企业的发展规划、管理制度密不可分，甚至决定了企业的成败。在企业信息化建设中，管理是基础，各种各样的自动化系统、网络等建设都是围绕着管理来进行的，离开了管理谈企业信息化，势必会存在信息化的表面化和机械化。优化外部环境营造一个良好的技术氛围，以企业自身为本，努力弥补自身不足，才能提升企业信息化建设水平，提升企业的效率和竞争力。

参考文献

[1] 徐晓军,宫磊,杨虹. 恶臭气体生物净化理论与技术 [M]. 北京:化学工业出版社,2005.
[2] 包景岭,张涛,邹克华. 恶臭污染源解析及预警应急系统 [M]. 北京:中国环境科学出版社,2012.
[3] 姜乃昌. 水泵及水泵站 [M]. 4版. 北京:中国建筑工业出版社,1998.
[4] 汪大翚,雷乐成. 水处理新技术及工程设计 [M]. 北京:化学工业出版社,2001.
[5] 钱正英,张光斗. 中国可持续发展水资源战略研究综合报告及各专题报告 [M]. 北京:中国水利水电出版社,2001.
[6] 郭培章. 中国城市可持续发展研究 [M]. 北京:经济科学出版社,2004.
[7] 雷乐成,杨岳平,汪大翚,等. 污水回用新技术及工程设计 [M]. 北京:化学工业出版社,2002.
[8] 王琳,王宝贞. 分散式污水处理与回用 [M]. 北京:化学工业出版社,2003.
[9] 亨齐 M. 污水生物与化学处理技术 [M]. 国家城市给水排水工程技术研究中心,译. 北京:中国建筑工业出版社,1999.
[10] 闻邦椿. 机械设计手册:第1卷 [M]. 5版. 北京:机械工业出版社,2010.
[11] 闻邦椿. 机械设计手册:第3卷 [M]. 5版. 北京:机械工业出版社,2010.
[12] 陈永,潘继民. 五金手册 [M]. 北京:机械工业出版社,2010.
[13] 天津电气传动设计研究所. 电气传动自动化技术手册 [M]. 3版. 北京:机械工业出版社,2011.
[14] 杨帆,等. 数字图像处理与分析 [M]. 北京:北京航空航天大学出版社,2007.

[15] 王爱玲，叶明生，邓秋香. MATLAB R2007 图像处理技术与应用 [M]. 北京：电子工业出版社，2008.

[16] 张联民. 污水管网优化设计的流速控制法 [J]. 中国给水排水，1994，10 (5)：41-43.

[17] 李贵义. 排水管网优化设计 [J]. 中国给水排水，1986，2 (2)：18-23.

[18] 欧阳建新，陈信常. 排水管系设计的罚函数离散优化法 [J]. 给水排水，1996，22 (5)：19-21.

[19] 张景国，李树平. 遗传算法用于排水管道系统优化设计 [J]. 中国给水排水，1997，13 (3)：28-30.

[20] 王文远，王超. 国外城市排水系统的发展与启示 [J]. 中国给水排水，1998，14 (2)：45-47.

[21] 颜晓斐. 上海成都路合流污水调蓄池的污染减排效益及优化 [J]. 中国给水排水，2010，26 (8)：6-10.

[22] 陈捷，赵国志，王彬，等. 调蓄池及其在苏州河治理中的应用 [J]. 中国市政工程，2004 (4)：34-37.

[23] 张辰，赵国志. 减少市政合流泵站污染物溢流量的措施 [J]. 上海建设科技，2000 (4)：29-30.

[24] 张辰，谭学军，陈嫣. 中国 2010 上海世博会给水排水新技术解读与展望 [J]. 中国给水排水，2010，26 (20)：1-4，8.

[25] 徐贵泉，陈长太，张海燕. 苏州河初期雨水调蓄池控制溢流污染影响研究 [J]. 水科学进展，2006，17 (5)：705-708.

[26] 程江，杨凯，刘兰岚，等. 上海中心城区土地利用变化对区域降雨径流的影响研究 [J]. 自然资源学报，2010，25 (6)：914-925.

[27] 庄敏捷. 上海市区排水管道通沟污泥处理处置探讨 [J]. 上海环境科学，2010，29 (2)：85-88.

[28] 唐建国，朱保罗. 排水管道非开挖修理技术的分类和选择 [J]. 给水排水，2005，31 (6)：83-90.

[29] 张宏伟，王亮. 污水资源化问题分析与对策 [J]. 城市环境与城市生态，2003，16 (4)：74-75.

[30] 王海玲. 昆明市污水处理中水回用发展初探 [J]. 市政技术，2002 (4)：55-58.

[31] 籍国东，姜兆春，赵丽辉，等. 我国污水资源化的现状分析与对策探讨 [J]. 环境科学进展，1998，7 (5)：85-95.

[32] 王国贤，陈宝林，张学伟. 污水资源化及其在农业生产中利用对策的研究 [J]. 山西科技，2006 (1)：66-68.

[33] 伏小勇. 城市的第二水源—污水回用 [J]. 甘肃环境研究与监测, 2002, 15 (4): 284-286.

[34] 张杰, 曹开朗. 城市污水深度处理与水资源可持续利用 [J]. 中国给水排水, 2001, 17 (3): 20-21.

[35] 柯崇宜, 孙峻, 沈晓南. 青岛海泊河污水处理厂污水回用工程 [J]. 中国给水排水, 1999, 15 (8): 35-36.

[36] 江雄志, 李超, 姜立安. 石家庄市污水回用现状及发展构想 [J]. 中国给水排水, 2001, 17 (9): 62-64.

[37] 邹利安, 刘灿. 二级城市污水处理厂出水直接过滤回用的研究与实践 [J]. 给水排水, 1997, 23 (8): 21-23.

[38] 张智, 阳春. 城市污水回用技术 [J]. 重庆建筑大学学报, 2000, 22 (4): 103-107.

[39] 杨年华, 吕奎生. 一体化净水器的可靠性初探 [J]. 给水排水, 1997, 23 (11): 52-54.

[40] 张智, 阳春, 曾晓岚. 城镇污水资源化技术发展状况 [J]. 重庆环境科学, 1999, 21 (4): 18-20.

[41] 塞兴超. 城市污水回用技术现状和发展趋势 [J]. 环境保护, 1996 (8): 15-17.

[42] 李鹏举, 王永新. 起重机械销孔和吊耳的计算与比较 [J]. 建筑机械化, 2010, 31 (12): 33-37.

[43] 朱渭定. 起重机耳孔拉板的计算 [J]. 水利电力施工机械, 1982 (2): 8-16.

[44] 鲍希陆, 沈迎春, 黄海鹰. 板式工艺吊耳计算及相关问题的探讨 [J]. 港口装卸, 2010 (2): 13-17.

[45] 梁博宁, 黄巧亮, 刘剑平. PLC 在污水泵站自动控制系统中的应用 [J]. 工业控制计算机, 2006, 19 (10): 80-81.

[46] 汪志锋, 袁景淇. 基于 S7-400 PLC 的控制系统在污水处理中的应用 [J]. 微计算机信息, 2006, 22 (9-1): 84-86, 194.

[47] 张辰. 合流制排水系统溢流调蓄技术研究及应用实例分析 [J]. 城市道桥与防洪, 2006 (5): 1-4.

[48] 程江, 吕永鹏, 黄小芳, 等. 上海中心城区合流制排水系统调蓄池环境效应研究 [J]. 环境科学, 2009, 30 (8): 2234-2240.

[49] 颜晓斐. 上海成都路合流污水调蓄池的污染减排效益及优化 [J]. 中国给水排水, 2010, 26 (8): 6-10, 14.

[50] 乔勇, 徐国锋, 赵国志. 上海市全地下式昌平泵站及调蓄池工程的设计 [J]. 中国给水排水, 2008, 24 (20): 23-26.

参考文献

[51] 程江，徐启新，杨凯，等. 国外城市雨水资源利用管理体系的比较及启示[J]. 中国给水排水，2007，23（12）：68-72.

[52] 张嘉毅，唐建国，张建频，等. 日本横滨排水设施建设及运行管理经验和启示（上）[J]. 给水排水，2008，34（12）：116-123.

[53] 李俊奇，孟光辉，车伍. 城市雨水利用调蓄方式及调蓄容积实用算法的探讨[J]. 给水排水，2007，33（2）：42-46.

[54] 程江，徐启新，杨凯，等. 下凹式绿地雨水渗蓄效应及其影响因素[J]. 给水排水，2007，33（5）：45-49.

[55] 廖朝轩，蔡耀隆，黄伟民，等. 雨水滞蓄措施在城区减洪之水文机制及容量研究[J]. 水科学进展，2006，17（4）：538-542.

[56] 张善发. 城镇排水系统溢流与排放污染控制策略与技术导则[J]. 中国给水排水，2010，26（18）：31-35.

[57] 陈江良. 泉州水质水量在线自动监测系统建设[J]. 海峡科学，2007（5）：15-17.

[58] 易荣盛，苗丽君. 机电安装工程施工技术与质量管理探析[J]. 价值工程，2013（27）：129-130.

[59] 董磊. 浅谈机电安装工程的施工技术与质量控制[J]. 中小企业管理与科技，2014（27）：116-117.

[60] 王书韬. 探析机电安装工程的施工技术及质量控制[J]. 科技致富向导，2012（12）：370.

[61] 钟咏昆. 机电安装工程中的施工安全管理及质量控制探讨[J]. 南方农机，2017，48（2）：166，174.

[62] 宋荣科. 建筑机电安装施工安全管理及质量管理分析[J]. 城市建设理论研究（电子版），2016（31）：75-76.

[63] 张京. 建筑工程机电安装施工技术在实际工程中的应用[J]. 智能城市，2016（12）：192.

[64] 李峰. 建筑机电安装工程技术发展方向研究[J]. 智能城市，2016（12）：265.

[65] 万招珍. 浅议建筑机电安装工程施工管理技术[J]. 江西建材，2013（3）：299-300.

[66] 张望军，彭剑锋. 中国企业知识型员工激励机制实证分析[J]. 科研管理，2001，22（6）：90-97.

[67] 张术霞，范琳洁，王冰. 我国企业知识型员工激励因素的实证研究[J]. 科学学与科学技术管理，2011，32（5）：144-149.

[68] 石冠峰，韩宏稳. 新生代知识型员工激励因素分析及对策[J]. 企业经济，

2014（11）：62-66.

[69] 孙欣. 互联网时代人力资源管理的新模式［J］. 中国集体经济，2016（13）：101-102.

[70] 苏乐军. 中水处理技术分析与效益分析［D］. 北京：对外经济贸易大学，2002.

[71] 朱兆亮. 生活小区污水处理与中水回用试验研究［D］. 西安：西安建筑科技大学，2004.

[72] 谭昆. 复合变速生物滤池深度处理城镇污水厂二级出水的效能研究［D］. 重庆：重庆大学，2005.

[73] 王辉. 背景差分图像处理［D］. 哈尔滨：哈尔滨理工大学，2005.

[74] 陈卓. 基于Internet的水质在线监测技术的研究［D］. 重庆：重庆大学，2004.

[75] 何皇冕. 多参数水质在线监测系统软件设计［D］. 哈尔滨：哈尔滨工业大学，2008.

[76] 卞保武. 企业信息化建设策略研究［D］. 南京：南京林业大学，2006.

[77] 全国国土资源标准化技术委员会. 地下水质量标准：GB/T 14848—2017［S］. 北京：中国标准出版社，2017.

[78] 全国农业机械标准化技术委员会. 污水污物潜水电泵：GB/T 24674—2009［S］. 北京：中国标准出版社，2010.

[79] 住房和城乡建设部市政府给水排水标准化技术委员会. 潜水轴流泵：CJ/T518—2017［S］. 北京：中国标准出版社，2017.

[80] 全国泵标准化技术委员会. 混流泵、轴流泵技术条件：GB/T 13008—2010［S］. 北京：中国标准出版社，2011.

[81] 全国农业机械标准化技术委员会. 潜水电泵试验方法：GB/T 12785—2014［S］. 北京：中国标准出版社，2015.

[82] 中国机械工业联合会. 泵用灰铸铁件：JB/T 6880.1—2013［S］. 北京：机械工业出版社，2014.

[83] 时珍宝，张建频. 上海市西干线改造项目InfoWorks CS数学模型研究［R］. 上海：上海市水务规划设计研究院，2005.

[84] LI G Y, MATTHEW.R G S. New approach for optimization of urban drainage systems［J］. Journal of Environmental Engineering, 1990, 116（5）：927-944.

[85] SIMPSON A R, DANDY G C, MURPHY L J. Genetic algorithms compared to other techniques for pipe optimization［J］. Journal of Water Resource Planning and Management, 1994, 120（4）：423-443.

[86] WALTERS G A, LOHBECK T. Optimal layout of tree network using genetic al-

gorithms [J]. Engineering Optimization, 1993, 22 (1): 27-48.

[87] HERRMANN T, SCHMIDA U. Rainwater utilisation in Germany:efficiency, dimensioning, hydraulic and environmental aspects[J]. Urban Water, 1999, 1(4):307-316.

[88] SCHOLZM. Case study:design, operation, maintenance and water quality management of sustainable storm water ponds for roof runoff [J]. Bioresource Technology, 2004, 95 (3): 269-279.

[89] GILBERT J K, CLAUSERJ C. Stormwater runoff quality and quantity from asphalt, paver, and crushed stone driveways in Connecticut [J]. Water Research, 2006, 40 (4): 826-832.

[90] HARUVY N. Wastewater reuse—regional and economic considerations [J]. Resources, Conservation and Recycling, 1998, 23 (1): 57-66.

[91] CALABRO P S, VIVIANI G. Simulation of the operation of detention tanks [J]. Water Research, 2006, 40 (1): 83-90.

[92] CHEN J Y, ADAMS B J. Analysis of storage facilities for urban stormwater quantity control [J]. Advances in Water Resources, 2005, 28 (4): 377-392.